应用数学

主 编 刘清丽　李晓君

副主编 张　洁　孙璐姿　赵小飞

主 审 李春青

西南交通大学出版社
·成都·

图书在版编目（CIP）数据

应用数学 / 刘清丽，李晓君主编. —成都：西南交通大学出版社，2017.2（2024.4 重印）
职业教育规划教材. 基础课类
ISBN 978-7-5643-5288-2

Ⅰ. ①应… Ⅱ. ①刘… ②李… Ⅲ. ①应用数学 – 职业教育 – 教材 Ⅳ. ①O29

中国版本图书馆 CIP 数据核字（2017）第 033112 号

应用数学
主编 刘清丽 李晓君

责 任 编 辑	张宝华
封 面 设 计	何东琳设计工作室
出 版 发 行	西南交通大学出版社 （四川省成都市金牛区二环路北一段 111 号 西南交通大学创新大厦 21 楼）
发行部电话	028-87600564　028-87600533
邮 政 编 码	610031
网　　　址	http://www.xnjdcbs.com
印　　　刷	四川森林印务有限责任公司
成 品 尺 寸	185 mm×260 mm
印　　　张	8.75
字　　　数	208 千
版　　　次	2017 年 2 月第 1 版
印　　　次	2024 年 4 月第 9 次
书　　　号	ISBN 978-7-5643-5288-2
定　　　价	20.00 元

课件咨询电话：028-81435775
图书如有印装质量问题　本社负责退换
版权所有　盗版必究　举报电话：028-87600562

前　言

为了适应职业教育培养技术应用型人才的需要，不断提高教学质量，更好地为专业课教学服务，我们根据人力资源和社会保障部办公厅 2016 年印发的《技工院校数学课程标准》，充分调研和征求专业教师的意见，结合目前职业教育发展的现状和职业教育的培养目标要求编写了本教材．

本教材内容力求为学习专业理论和掌握操作技能奠定基础，突出为专业课服务的特点，注重理论与实际密切结合，培养学生观察、空间想象、分析和解决问题的能力，提高学生的文化素质．针对技工院校学生的特点，教材内容避免了偏多、偏深、偏难，针对每个知识点，均附有课堂巩固练习题，以巩固所学知识；每章均列举了数学与生活实际、专业相关的例子，以培养学生用数学解决实际问题的意识和能力．少数标有"*"号的内容和练习题在难度上略有提高，可供有学习兴趣的学生选用．本书共分六章，主要包括集合与区间、函数、三角函数及应用、空间图形及其计算、平面解析几何和数据处理的基础知识等内容．

本教材具有以下特点：一是采用了国家标准规范的数学符号；二是包含生活和专业中所必要的数学基础知识；三是包含计算技能、计算器使用技能和数据处理技能的相关知识，便于培养学生的观察能力、分析与解决问题的能力以及数学思维的能力；四是兼顾土木、数控、计算机等各专业需要，根据专业共性，精选内容；五是切实地加强了应用．理论上以够用为度，避免了烦琐的理论推导，不少定理、公式、方法都只作直观的解释或归纳，避免了抽象的证明；六是例题紧扣该章节内容，练习题与例题配套．内容、例题、练习题三者配合紧密．

由于编审人员水平有限，加上成书仓促，书中难免出现不妥之处，敬请大家批评指正．

编　者
2017 年 2 月

目　录

第一章　集合与区间 ··· 1
　　第一节　集合的概念 ·· 1
　　第二节　集合的运算 ·· 3
　　第三节　区间的概念 ·· 6
　　第四节　绝对值不等式 ··· 7
　　第五节　一元二次不等式 ·· 9
　　知识回顾 ·· 10

第二章　函数 ··· 12
　　第一节　函数的概念 ··· 12
　　第二节　函数的性质 ··· 14
　　第三节　反函数 ··· 15
　　第四节　幂函数 ··· 17
　　第五节　指数 ·· 19
　　第六节　指数函数 ·· 21
　　第七节　对数 ·· 23
　　第八节　对数函数 ·· 25
　　知识回顾 ·· 27

第三章　三角函数及应用 ·· 30
　　第一节　角的概念的推广 ··· 30
　　第二节　弧度制 ··· 32
　　第三节　任意角的三角函数 ·· 35
　　第四节　已知三角函数值求角 ··· 38
　　第五节　解直角三角形 ·· 40
　　第六节　同角三角函数的基本关系式 ·· 43
　　第七节　正弦定理及应用 ··· 46
　　第八节　余弦定理及应用 ··· 49
　　第九节　三角函数的图像和性质 ·· 56
　　第十节　反三角函数的概念 ·· 60
　　第十一节　极坐标 ·· 63
　　知识回顾 ·· 66

第四章　空间图形及其计算 ··· 73
　　第一节　平面及其基本性质 ·· 73

第二节　直线和直线的位置关系 ·· 77
　　第四节　直线和平面的位置关系 ·· 80
　　第四节　平面和平面的位置关系 ·· 86
　　第五节　空间图形的有关计算 ·· 92
　　知识回顾 ··· 104

第五章　平面解析几何 ·· 107
　　第一节　坐标法的简单应用 ·· 107
　　第二节　直线的方程 ·· 110
　　第三节　两条直线的位置关系 ·· 115
　　第四节　圆 ··· 118
　　第五节　椭圆 ··· 122
　　知识回顾 ··· 126

第六章　数据处理的基本知识 ··· 129
　　第一节　数据的修约原则 ··· 129
　　第二节　数据统计 ·· 131

参考文献 ··· 134

第一章 集合与区间

第一节 集合的概念

一、集合与元素

引例 我们先考察下列几组对象：
（1）我们学校的全体学生；
（2）某工厂所有的机床；
（3）2，4，6，8；
（4）所有的等腰三角形；
（5）直线 $y=2x+1$ 上所有的点．
它们分别是由一些人、物、数、图形和点组成的整体，且每个整体中的对象都具有某种共同属性．

一般地，具有某种共同属性的不同对象的全体称为**集合**（简称**集**）．集合里的各个不同对象称为这个集合的**元素**．例如，（3）是由 2、4、6、8 这四个数组成的集合，其中的对象 2、4、6、8 都是这个集合的元素，这些元素的共同属性是"小于 10 的正偶数"．

尽管集合中的元素可以是各种各样具体的或抽象的事物，但在本章主要研究数的集合（简称**数集**）和点的集合（简称**点集**）．

通常，集合用大写拉丁字母表示，元素用小写拉丁字母表示．下面是一些常用的数集及其记法：

全体非负整数的集合简称为**自然数集**，记作 **N**；
自然数集内排除 0 的集合简称为**正整数集**，记作 $\mathbf{N}^*$ 或 $\mathbf{N}_+$；
全体整数的集合简称为**整数集**，记作 **Z**；
全体有理数的集合简称为**有理数集**，记作 **Q**；
全体实数的集合简称为**实数集**，记作 **R**．

一般地，若 x 是集合 A 的元素，则称 x 属于 A，记作 $x \in A$；若 x 不是集合 A 的元素，则称 x 不属于 A，记作 $x \notin A$．例如，$2 \in \mathbf{N}$，$\sqrt{3} \in \mathbf{Q}$．

含有无限多个元素的集合称为**无限集**．如上面引例中的（4）、（5）都是无限集．含有有限个元素的集合称为**有限集**．如上面引例中的（1）、（2）、（3）都是有限集．特别地，只含一个元素的集合称为**单元素集**．如方程 $x-5=0$ 的解组成的集合（简称解集）就是一个单元素集．不含任何元素的集合称为**空集**，记作 $\varnothing$．如方程 $x^2+1=0$ 在实数集 **R** 内的解集就是空集．

集合中的元素必须是确定的．也就是说，给定一个集合，任何一个对象是或不是这个集合的元素也就确定了．如给出小于 10 的正偶数集，它只有 2、4、6、8 这四个元素，其他对象都不是它的元素．

集合中的元素又是互异的．也就是说，集合中的元素不能重复出现，任何两个相同的对象归入同一个集合时，只能算作这个集合的一个元素．

课堂练习

1. 所有胖人能不能构成一个集合？为什么？
2. 在一个平面上，到一个定点的距离等于定长的点集是什么？
3. 在一个平面上，到一条线段两个端点的距离相等的点集是什么？

二、集合的表示方法

表示集合的方法有列举法和描述法两种．

把集合中的元素一一列举出来，写在大括号内，彼此用逗号分开，这种表示集合的方法称为**列举法**．

例 1 绝对值小于 3 的整数组成的集合，可以表示为：

$$\{-2,-1,0,1,2\}.$$

注 1 由 a 这一个元素组成的集合记作 $\{a\}$．它与 a 是不同的：a 表示一个元素，$\{a\}$ 表示一个集合——单元素集．

注 2 用列举法表示集合时，可以不考虑元素的排列顺序．如例 1 中的集合，也可以表示为 $\{0,-1,-2,2,1\}$ 等．

一般地，列举法多用于表示元素个数较少的集合．当元素的个数很多或无限多时，可以在列举出有代表性的元素后，用省略号表示那些被省略的元素．

例 2 不超过 100 的自然数组成的集合，可以表示为：

$$\{0,1,2,3,\cdots,99,100\}.$$

把集合中元素的共同属性描述出来，写在大括号内，这种表示集合的方法称为**描述法**．

例 3 不等式 $x+1>3$ 的解集，可以表示为：

$$\{x\in \mathbf{R}|x+1>3\}.$$

注 我们约定，如果从上下文看，$x\in \mathbf{R}$ 是明确的，那么，在描述集合时，$x\in \mathbf{R}$ 可以省略不写．如例 3 中的集合也可以表示为

$$\{x|x+1>3\}.$$

描述法的另一种表达形式是把集合中元素的共同属性直接写在大括号内．如所有等腰三角形的集合，可以表示为：

$$\{\text{等腰三角形}\}.$$

有时，为了形象地表示集合，我们还可以画一条封闭的曲线，用它的内部来表示一个集合．如图 1-1 表示任意一个不是空集（简称非空集）的集合 A．

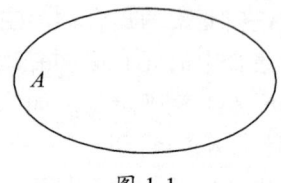

图 1-1

课堂练习

1. 绝对值不超过 3 的整数组成的集合_____.
2. 小于 100 的自然数组成的集合_____.
3. $\{1,3,5,7,9\}$ 用描述法表示 _____.

三、子 集

定义 1 设 A、B 是两个集合. 若 A 的每一个元素都是 B 的元素，则称 A 是 B 的**子集**，记作 $A \subseteq B$（或 $B \supseteq A$），读作 A 包含于 B（或 B 包含 A）.

对于任何一个集合 A，由于它的任何一个元素都属于 A 本身，所以 $A \subseteq A$，即**任何一个集合都是它本身的子集**.

当 A 不是 B 的子集（即至少有一个元素 $x \in A$，但 $x \notin B$）时，记作 $A \not\subseteq B$.

注 符号 $\in$ 与 $\subseteq$ 不同：$\in$ 用于表示元素与集合之间的关系，$\subseteq$ 用于表示集合与集合之间的关系.

我们规定：**空集是任何集合的子集**.

例 4 写出集合 $\{a,b\}$ 的所有子集.

解：$\{a,b\}$ 的所有子集为：$\varnothing$、$\{a\}$、$\{b\}$、$\{a,b\}$.

定义 2 设 A、B 是两个集合. 若 $A \subseteq B$，且 $B \subseteq A$，则称这两个集合相等，记作 $A = B$，读作 A 等于 B.

由集合相等的定义可知，两个集合相等时，它们是由完全相同的元素组成的.

例如，设 $A = \{2,3\}$，$B = \{x | x^2 - 5x + 6 = 0\}$，则 $A = B$.

课堂练习

1. 空集 $\varnothing$ 有多少个子集？
2. 空集 $\varnothing$ 与单元素集 $\{0\}$ 的区别是什么？
3. 写出集合 $\{0,1\}$ 的所有子集_____.
4. 写出集合 $\{0,1,2\}$ 的所有子集_____.

第二节　集合的运算

一、交 集

引例 1 已知 6 的正约数集 $A = \{1,2,3,6\}$，8 的正约数集 $B = \{1,2,4,8\}$，于是 6 与 8 的正公约数集是 $\{1,2\}$.

容易看出，$\{1,2\}$ 是由 A、B 的所有公共元素组成的集合.

定义 1 设 A、B 是两个集合. 由所有既属于 A 又属于 B 的元素组成的集合，称为 A 与 B 的**交集**（简称**交**），记作 $A \cap B$，即

$$A \cap B = \{x | x \in A 且 x \in B\},$$

读作 A 交 B.

图 1-2 中的阴影部分表示 A 与 B 的交集 $A \cap B$.

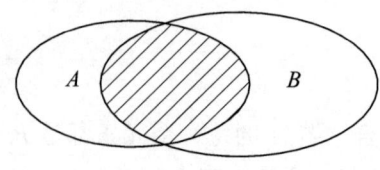

图 1-2

若 $A \cap B \neq \varnothing$,则称 A 与 B **相交**;若 $A \cap B = \varnothing$,则称 A 与 B **不相交**.

由交的定义易得,对于任何集合 A 与 B,有

$$A \cap A = A, \quad A \cap \varnothing = \varnothing, \quad A \cap B = B \cap A.$$

例 1 设 $A = \{12$ 的正约数$\}$,$B = \{18$ 的正约数$\}$,用列举法写出 12 与 18 的正公约数集.

解:因为

$$A = \{1, 2, 3, 4, 6, 12\},$$

$$B = \{1, 2, 3, 6, 9, 18\},$$

由交集的定义知,12 与 18 的正公约数集是

$$A \cap B = \{1,2,3,4,6,12\} \cap \{1,2,3,6,9,18\} = \{1,2,3,6\}.$$

例 2 设 $A = \{x | x \geqslant -3\}$,$B = \{x | x < 2\}$,求 $A \cap B$.

解:$A \cap B = \{x | x \geqslant -3\} \cap \{x | x < 2\} = \{x | -3 \leqslant x < 2\}$.

其几何意义如图 1-3 所示.

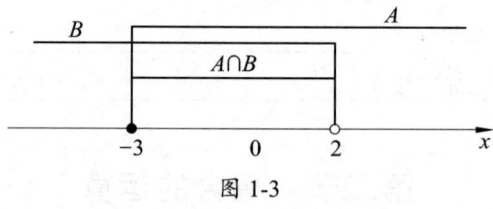

图 1-3

课堂练习

1. 若 $A = \{12$ 的正约数$\}$,$B = \{15$ 的正约数$\}$,则 $A \cap B = $ _____.

2. 设 $A = \{x | -2 < x < 4\}$,$B = \{x | -3 \leqslant x \leqslant 3\}$,则 $A \cap B = $ _____.

二、并 集

引例 2 已知方程 $x^2 - 1 = 0$ 的解集 $A = \{-1, 1\}$,方程 $x^2 - 4 = 0$ 的解集 $B = \{-2, 2\}$,于是方程

$(x^2-1)(x^2-4)=0$ 的解集是 $\{-2,-1,1,2\}$.

容易看出，该集合是由属于 A 或者属于 B 的所有元素组成的集合.

定义 2 设 A、B 是两个集合. 由属于 A 或者属于 B 的所有元素组成的集合，称为 A 与 B 的**并集**（简称**并**），记作 $A\cup B$，即

$$A\cup B=\{x|x\in A\ \text{或}\ x\in B\},$$

读作 A 并 B.

图 1-4 中的阴影部分表示 A 与 B 的并集 $A\cup B$，其中包括 A 与 B 相交和不相交两种情形.

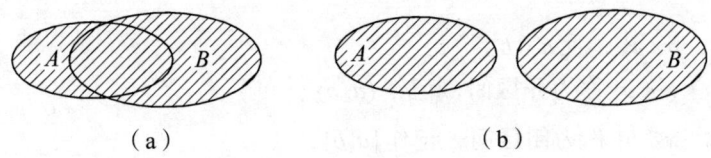

图 1-4

由并集的定义易得，对于任何集合 A 与 B，有

$$A\cup A=A,\quad A\cup\varnothing=A,\quad A\cup B=B\cup A.$$

例 3 设 $A=\{-2,-1,0,1,2\}$，$B=\{1,2,3\}$，求 $A\cup B$.

解：$A\cup B=\{-2,-1,0,1,2\}\cup\{1,2,3\}=\{-2,-1,0,1,2,3\}$.

注 因为集合中的元素必须是**互异**的，所以在两个集合的并集中，原来两个集合的公共元素只能出现一次. 因此，不要把例 3 中的 $A\cup B$ 写成 $\{-2,-1,0,1,1,2,2,3\}$.

例 4 设 $A=\{x|-2<x<3\}$，$B=\{x|1\leqslant x\leqslant 5\}$，求 $A\cup B$.

解：$A\cup B=\{x|-2<x<3\}\cup\{x|1\leqslant x\leqslant 5\}=\{x|-2<x\leqslant 5\}$.

其几何意义如图 1-5 所示.

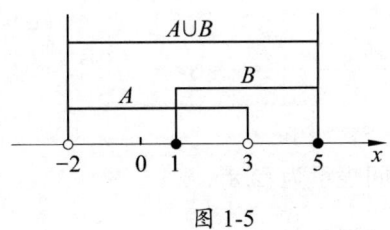

图 1-5

例 5 设 $A=\{x|x\leqslant-3\}$，$B=\{x|x>2\}$，求 $A\cup B$、$A\cap B$.

解：$A\cup B=\{x|x\leqslant-3\}\cup\{x|x>2\}=\{x|x\leqslant-3\ \text{或}\ x>2\}$. 其几何意义如图 1-6 所示.

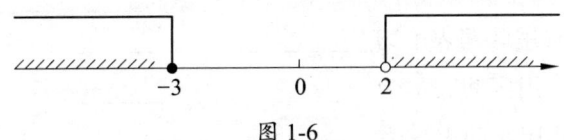

图 1-6

$A\cap B=\{x|x\leqslant-3\}\cap\{x|x>2\}=\varnothing$.

课堂练习

1. 设 $A=\{x|-2<x<4\}$，$B=\{x|-3\leqslant x\leqslant 3\}$，$A\cup B=$ _____.
2. 设 $A=\{a,b,c,d\}$，$B=\{a,b,c\}$，$A\cup B=$ _____.

第三节 区间的概念

一、有限区间的概念

定义 1 设 a、$b\in \mathbf{R}$，且 $a<b$，

（1）数集 $\{x|a<x<b\}$ 称为**开区间**，记作 (a,b)；

（2）数集 $\{x|a\leqslant x\leqslant b\}$ 称为**闭区间**，记作 $[a,b]$；

（3）数集 $\{x|a<x\leqslant b\}$ 称为**左开右闭区间**，记作 $(a,b]$；

（4）数集 $\{x|a\leqslant x<b\}$ 称为**左闭右开区间**，记作 $[a,b)$.

由于实数与数轴上的点是一一对应的，所以上述四种区间可以分别用数轴上以 a、b 为端点的一条线段来表示. a、b 称为**区间的端点**，两个端点间的距离称为**区间的长**.

上述四种区间统称为**有限区间**. 它们在数轴上的表示如图 1-7 所示. 其中，包含在区间内的端点用实心点·表示，不包括在区间内的端点用空心点。表示.

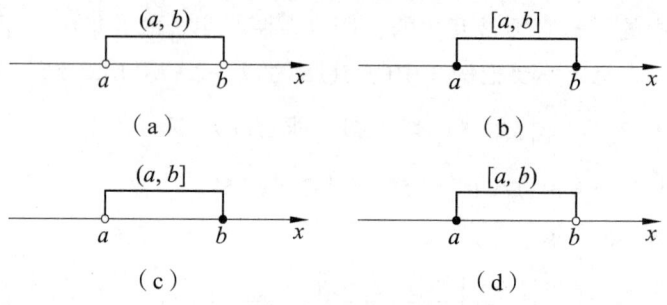

图 1-7

例 1 用区间表示数集 $\{x|2<x<8\}$.

解：数集 $\{x|2<x<8\}$ 用区间表示为 $(2,8)$.

例 2 用区间表示数集 $\{x|-1\leqslant x<5\}$.

解：数集 $\{x|-1\leqslant x<5\}$ 用区间表示为 $[-1,5)$.

课堂练习

1. 数集 $\{x|-6\leqslant x\leqslant 11\}$ 用区间表示为 _____.
2. 数集 $\{x|-2<x\leqslant 7\}$ 用区间表示为 _____.
3. 数集 $\{x|-3<x<6\}$ 用区间表示为 _____.
4. 数集 $\{x|2\leqslant x<5\}$ 用区间表示为 _____.

二、无限区间的概念

定义2 设 $a、b \in \mathbf{R}$，

（1）数集 $\{x|x>a\}=\{x|a<x<+\infty\}$，记作 $(a,+\infty)$；

（2）数集 $\{x|x\geqslant a\}=\{x|a\leqslant x<+\infty\}$，记作 $[a,+\infty)$；

（3）数集 $\{x|x<b\}=\{x|-\infty<x<b\}$，记作 $(-\infty,b)$；

（4）数集 $\{x|x\leqslant b\}=\{x|-\infty<x\leqslant b\}$，记作 $(-\infty,b]$；

（5）数集 $\{x|-\infty<x<+\infty\}$，记作 $(-\infty,+\infty)$.

符号 $+\infty$ 和 $-\infty$ 分别读作**正无穷大**和**负无穷大**. 它们并不表示某个确定的数，而是刻画了实数在正、负两个方向上的变化趋势.

上述五种区间统称为**无限区间**. 其中，前四种无限区间在数轴上的表示如图1-8所示.

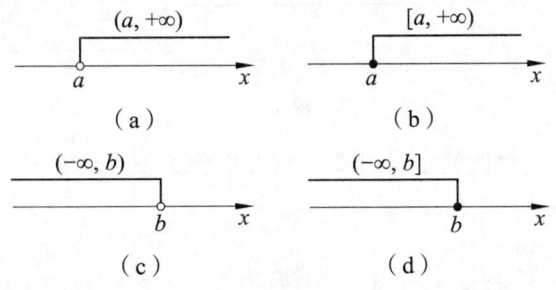

图 1-8

显然，区间是实数集 $\mathbf{R}$ 的子集的另一种表达形式.

例3 用区间表示数集 $\{x|x\leqslant -3\}$.

解：数集 $\{x|x\leqslant -3\}$ 用区间表示为 $(-\infty,-3]$.

例4 用区间表示数集 $\{x|x>2\}$.

解：数集 $\{x|x>2\}$ 用区间表示为 $(2,+\infty)$.

课堂练习

1. 数集 $\{x|x\geqslant 9\}$ 用区间表示为_____.

2. 数集 $\{x|x<6\}$ 用区间表示为_____.

3. 实数集 $\mathbf{R}$ 用区间表示为_____.

第四节　绝对值不等式

绝对值符号里含有未知数的不等式，称为**绝对值不等式**.

由实数的绝对值定义

$$|x|=\begin{cases}x, & x\geqslant 0\\ -x, & x<0\end{cases}$$

可以知道，绝对值不等式的解法可以归结为下述两种基本类型：

设 $a \in \mathbf{R}$,$a > 0$,则

(1) $|x| \leqslant a$ 的解集为 $-a \leqslant x \leqslant a$;

(2) $|x| \geqslant a$ 的解集为 $x \geqslant a$ 或 $x \leqslant -a$.

证明:(1) 当 $|x| \leqslant a$ 时,由绝对值的定义可知,它可以化为下述两个不等式组:

(i) $\begin{cases} x \geqslant 0 \\ x \leqslant a \end{cases}$ 或 (ii) $\begin{cases} x < 0 \\ -x \leqslant a \end{cases}$.

因为(i)的解集为 $0 \leqslant x \leqslant a$,(ii)的解集为 $-a \leqslant x < 0$,

所以,$|x| \leqslant a$ 的解集应为(i)与(ii)的解集的并集,

即 $\{x \mid -a \leqslant x \leqslant a\}$.

它在数轴上的表示如图1-9所示.

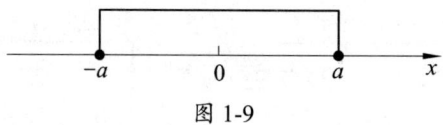

图 1-9

(2) 当 $|x| \geqslant a$ 时,由绝对值的定义可知,它可以化为下述两个不等式组

(i) $\begin{cases} x \geqslant 0 \\ x \geqslant a \end{cases}$ 或 (ii) $\begin{cases} x < 0 \\ -x \geqslant a \end{cases}$.

因为(i)的解集为 $x \geqslant a$,(ii)的解集为 $x \leqslant -a$,

所以,$|x| \geqslant a$ 的解集应为(i)与(ii)的解集的并集,

即 $\{x \mid x \geqslant a \text{ 或 } x \leqslant -a\}$.

它在数轴上的表示如图1-10所示.

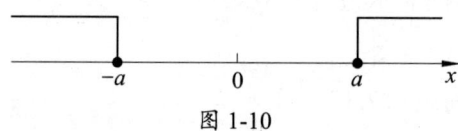

图 1-10

例 1 解不等式 $|3x - 5| \leqslant 7$.

解:由 $|3x - 5| \leqslant 7$ 得

$$-7 \leqslant 3x - 5 \leqslant 7.$$

所以

$$-2 \leqslant 3x \leqslant 12.$$

所以

$$-\frac{2}{3} \leqslant x \leqslant 4.$$

所以,原不等式的解集为 $\left\{ x \mid -\frac{2}{3} \leqslant x \leqslant 4 \right\}$.

例 2 解不等式 $|2x - 3| \geqslant 4$.

解:由 $|2x - 3| \geqslant 4$ 得

$$2x-3 \geqslant 4 \text{ 或 } 2x-3 \leqslant -4.$$

分别解之得

$$x \geqslant \frac{7}{2} \text{ 或 } x \leqslant -\frac{1}{2}$$

所以，原不等式的解集为 $\left\{x \middle| x \geqslant \frac{7}{2} \text{ 或 } x \leqslant -\frac{1}{2}\right\}$.

课堂练习

1. 解不等式 $|x-4| \leqslant 9$，并用区间表示解集.
2. 解不等式 $|3x-4| \geqslant 6$，并用区间表示解集.

第五节 一元二次不等式

含有一个未知数，并且未知数的最高次数是 2 的不等式，称为**一元二次不等式**. 一元二次不等式的一般形式为：

$$ax^2+bx+c>0(a \neq 0) \quad \text{或} \quad ax^2+bx+c<0 \ (a \neq 0).$$

如果一元二次不等式一般形式中的二次三项式 ax^2+bx+c $(a \neq 0)$ 能分解因式，那么解一元二次不等式就可以转化为解两个一元一次不等式组.

例 1 解不等式 $x^2+x-6>0$.

解：因为 $x^2+x-6=(x-2)(x+3)$，
所以，原不等式为 $(x-2)(x+3)>0$.
因为两因式的乘积大于零，其符号必相同，
所以，原不等式可化为下述两个不等式组：

(i) $\begin{cases} x-2>0 \\ x+3>0 \end{cases}$ 或 (ii) $\begin{cases} x-2<0 \\ x+3<0 \end{cases}$.

因为(i)的解集为 $x>2$，(ii)的解集为 $x<-3$，
所以原不等式的解集应为(i)与(ii)的解集的并集，

即 $\{x | x>2 \text{ 或 } x<-3\}$.

它在数轴上的表示如图 1-11 所示.

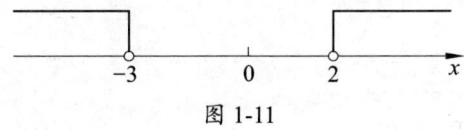

图 1-11

例 2 解不等式 $2x^2-x-3<0$.

解：因为 $2x^2-x-3=(x+1)(2x-3)$，
所以，原不等式为 $(x+1)(2x-3)<0$.
因为两因式的乘积小于零，其符号必相反，

所以，原不等式可化为下述两个不等式组：

(i) $\begin{cases} x+1>0 \\ 2x-3<0 \end{cases}$ 或 (ii) $\begin{cases} x+1<0 \\ 2x-3>0 \end{cases}$.

因为(i)的解集为 $-1<x<\dfrac{3}{2}$，(ii)的解集为 $\varnothing$，

所以，原不等式的解集应为(i)与(ii)的解集的并集，即

$$\left\{x\,\middle|\,-1<x<\dfrac{3}{2}\right\}\cup\varnothing=\left\{x\,\middle|\,-1<x<\dfrac{3}{2}\right\}.$$

它在数轴上的表示如图 1-12 所示.

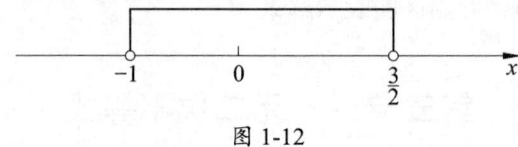

图 1-12

课堂练习

解下列不等式，并用区间表示解集.

（1）$\left(x-\dfrac{1}{2}\right)\left(x-\dfrac{1}{3}\right)<0$； （2）$\left(x+\dfrac{7}{6}\right)\left(x+\dfrac{6}{5}\right)>0$.

知识回顾

本章的主要内容有三部分：集合的概念与运算、区间以及简单的不等式.

一、集合的概念、运算

1. 集合

具有某种共同属性的不同对象的全体.

2. 集合的表示方法

列举法：把集合中的元素一一列举出来，写在大括号内，彼此用逗号分开.

描述法：把集合中元素的共同属性描述出来，写在大括号内.

3. 集合之间的关系

子集：设 x 是 A 的任一元素，若 $x\in B$，则 $A\subseteq B$.

相等：若 $A\subseteq B$ 且 $B\subseteq A$，则 $A=B$.

4. 集合的运算

交集：$A\cap B=\{x\in A\text{ 且 }x\in B\}$.

并集：$A\cup B=\{x\,|\,x\in A\text{ 或 }x\in B\}$.

二、区间的概念

有限区间：$(a,b)=\{x\,|\,a<x<b\}$；

$$[a,b] = \{x | a \leqslant x \leqslant b\}；$$
$$(a,b] = \{x | a < x \leqslant b\}；$$
$$[a,b) = \{x | a \leqslant x < b\}.$$

无限区间：$(a,+\infty) = \{x | a < x < +\infty\}$；
$$[a,+\infty) = \{x | a \leqslant x < +\infty\}；$$
$$(-\infty,b) = \{x | -\infty < x < b\}；$$
$$(-\infty,b] = \{x | -\infty < x \leqslant b\}；$$
$$(-\infty,+\infty) = \{x | -\infty < x < +\infty\}.$$

三、简单的不等式

1. 绝对值不等式

$|x| \geqslant a(a>0)$ 的解集为 $\{x | x \geqslant a \text{ 或 } x \leqslant -a\}$；

$|x| \leqslant a(a>0)$ 的解集为 $\{x | -a \leqslant x \leqslant a\}$.

2. 一元二次不等式

设 x_1、x_2 是方程 $ax^2+bx+c=0(a>0)$ 的两个根，若 $x_1 < x_2$，则
$ax^2+bx+c \geqslant 0(a>0)$ 的解集为 $\{x | x \leqslant x_1 \text{ 或 } x \geqslant x_2\}$；
$ax^2+bx+c \leqslant 0(a>0)$ 的解集为 $\{x | x_1 \leqslant x \leqslant x_2\}$.

第二章 函　数

第一节　函数的概念

一、函数的概念

在初中，我们学过函数的概念，其定义为：设在某个变化过程中有两个变量 x 和 y，如果对于 x 在某个范围内的每一个确定的值，按照某个对应法则，y 都有唯一确定的值与它对应，则称 y 是 x 的**函数**，x 称为**自变量**，y 称为**因变量**，x 的取值范围称为**函数的定义域**，与 x 对应的 y 值称为**函数值**，函数值的全体称为**函数的值域**.

如图 2-1 所示，用非空数集 D 表示函数的定义域，用非空数集 M 表示函数的值域，用字母 f 表示对应法则，于是函数就是由 D、M、f 这三者组成的，记作 $y=f(x)$.

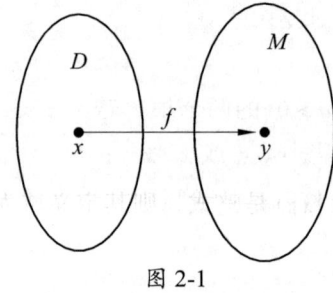

图 2-1

例如，对于函数 $y=\sqrt{x+3}$，其定义域 $D=\{x|x\geq -3\}$，值域 $M=\{y|y\geq 0\}$，对应法则 f 为自变量的值先加 3，再开平方，最后取算术根.

如果同时研究多个函数，则用不同符号表示它们. 如 $f(x)$、$g(x)$、$\varphi(x)$、$F(x)$ 等.

对于函数 $y=F(x)$，$x\in D$，当自变量 x 在定义域 D 内取一个确定的值 x_0 时，对应的函数值记作 $f(x_0)$.

例 1　设 $f(x)=x^2+2x-3$，求 $f(-2)$、$f(a)$、$f\left(\dfrac{1}{a}\right)$.

解：$f(-2)=(-2)^2+2\times(-2)-3=-3$；

$f(a)=a^2+2a-3$；

$f\left(\dfrac{1}{a}\right)=\left(\dfrac{1}{a}\right)^2+2\times\dfrac{1}{a}-3=\dfrac{1}{a^2}+\dfrac{2}{a}-3$.

课堂练习

1. 设 $f(x)=2x^2+3x-1$，求 $f(2)$、$f(-1)$、$f\left(\dfrac{1}{2}\right)$.

2. 设 $f(x)=3x^3+4x^2-2x+4$，求 $f(3)$、$f(-3)$、$f\left(\dfrac{1}{3}\right)$.

二、函数的定义域

在实际问题中，函数的定义域要根据实际意义去确定；对于用数学式子表示的函数，如果不加说明，则函数的定义域就是使得数学式子有意义的数集．

例 2 求下列函数的定义域：

（1）$f(x) = \dfrac{1}{x-2}$； （2）$f(x) = \sqrt{3x+2}$； （3）$f(x) = \sqrt{x+1} + \dfrac{1}{2-x}$．

解：（1）要使函数有意义，必须：$x - 2 \neq 0$，即 $x \neq 2$．

所以函数 $f(x) = \dfrac{1}{x-2}$ 的定义域是：$\{x \mid x \neq 2\} = (-\infty, 2) \cup (2, +\infty)$．

（2）要使函数有意义，必须：$3x + 2 \geqslant 0$，即 $x \geqslant -\dfrac{2}{3}$．

所以函数 $f(x) = \sqrt{3x+2}$ 的定义域是：$\left\{x \mid x \geqslant -\dfrac{2}{3}\right\} = \left[-\dfrac{2}{3}, +\infty\right)$．

（3）要使函数有意义，必须：$\begin{cases} x + 1 \geqslant 0 \\ 2 - x \neq 0 \end{cases} \Rightarrow \begin{cases} x \geqslant -1 \\ x \neq 2 \end{cases}$．

所以函数 $f(x) = \sqrt{x+1} + \dfrac{1}{2-x}$ 的定义域是：$\{x \mid x \geqslant -1 \text{ 且 } x \neq 2\} = [-1, 2) \cup (2, +\infty)$．

注 1 由例 2 可以看出，函数的定义域可以用集合、区间两种形式表示．另外，还可以借助数轴分析较复杂的函数的定义域．

注 2 由例 2 可以看出，如果 $f(x)$ 是整式，则其定义域为实数集 **R**；如果 $f(x)$ 是分式，则其定义域为使得分母不等于 0 的数集；如果 $f(x)$ 是根式，则其定义域为使得根号内的式子大于或等于 0 的数集；如果 $f(x)$ 是由几个部分的数学式子构成的，则其定义域为使得各部分式子都有意义的数集．

课堂练习

求下列函数的定义域．

（1）$f(x) = \sqrt{\dfrac{1}{2x-1}}$； （2）$f(x) = \sqrt{x+1} + \dfrac{1}{2-x}$．

三、函数的表示方法

1. 解析法

解析法是指用数学表达式表示两个变量之间的关系．如

$$y = kx(k \neq 0),\ y = \dfrac{k}{x}(k \neq 0),\ y = ax^2 + bx + c(a \neq 0).$$

优点：简明、全面地概括了变量间的关系，可以通过解析式求出任意一个自变量所对应的函数值．

2. 图像法

图像法是指用图像表示两个变量之间的对应关系．

在初中我们学过，正比例函数 $y=kx(k\neq 0)$ 和一次函数 $y=kx+b(k\neq 0)$ 的图像都是一条直线；反比例函数 $y=\dfrac{k}{x}(k\neq 0)$ 的图像是由两条曲线组成的双曲线；二次函数 $y=ax^2+bx+c(a\neq 0)$ 的图像是一条抛物线．它们都是通过列表求值、描点连线的基本作图方法（简称描点法）作出来的．

对于一般的函数 $y=f(x)$，也可以用描点法作出它的图像．在 $y=f(x)$ 的定义域 D 内适当取 x 的一些值，求出对应的函数值 y，以每一对对应的 x、y 的值所做的有序数对 (x,y) 为坐标，在坐标系中描出对应的点 $P(x,y)$，按照顺序连接各点所得的曲线（或点集）就是函数 $y=f(x)$ 的图像．

函数的图像，可以是一条直线（如：一次函数）或曲线（如：抛物线），也可以是一些孤立的点集（或点）、线段、折线或曲线的一部分．

优点：直观、形象地表示出函数的变化情况，有利于通过图形研究函数的某些性质．

3．列表法

列表法是指用表格表示两个变量之间的对应关系．

例如：某小组同学期末考试成绩如表 2-1 所示：

表 2-1

	数学	语文	英语	体育	测量
张伟	89	94	85	96	85
李丽	99	98	89	98	96
王磊	95	85	84	84	87
李诚	95	92	87	87	84

注：表中人名为虚拟人名．

优点：不通过计算就可以直接看出与自变量的值相对应的函数值．

第二节　函数的性质

一、函数的单调性

如图 2-2 所示，函数 $y=x^2$ 在区间 $(-\infty,0)$ 内，随着 x 的增大而减小；在区间 $(0,+\infty)$ 内，随着 x 的增大而增大．一般地，我们有下述定义：

定义　设区间 G 是函数 $y=f(x)$ 的定义域 D 的一个子集（即 $G\subseteq D$），任取 x_1、$x_2\in G$，当 $x_1<x_2$ 时，

（1）若 $f(x_1)<f(x_2)$，则称 $f(x)$ 在区间 G 上是**增函数**；

（2）若 $f(x_1)>f(x_2)$，则称 $f(x)$ 在区间 G 上是**减函数**．

如果 $y=f(x)$ 在某个区间 G 上是增函数或减函数，则说 $f(x)$ 在区间 G 上具有（严格的）单调性，区间 G 称为 $f(x)$ 的**单调区间**．

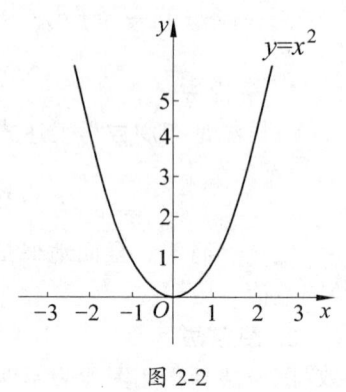

图 2-2

例1 求证 $f(x) = \dfrac{1}{x}$ 在 $(0, +\infty)$ 内是减函数.

证明：任取 $x_1, x_2 \in (0, +\infty)$，设 $x_1 < x_2$，

因为 $f(x_1) = \dfrac{1}{x_1}$，$f(x_2) = \dfrac{1}{x_2}$，

所以 $f(x_2) - f(x_1) = \dfrac{1}{x_2} - \dfrac{1}{x_1} = \dfrac{x_1 - x_2}{x_1 x_2}$.

由 $x_1 > 0$，$x_2 > 0$，得 $x_1 x_2 > 0$；又由 $x_1 < x_2$，得 $x_1 - x_2 < 0$.

所以 $f(x_2) - f(x_1) < 0$，即 $f(x_1) > f(x_2)$.

所以 $f(x) = \dfrac{1}{x}$ 在区间 $(0, +\infty)$ 内是减函数.

注 函数 $f(x)$ 的单调区间 G，一般是指保持函数单调性的最大区间.

二、函数的奇偶性

偶函数：如果对于函数 $f(x)$ 定义域内任意一个 x，都有 $f(-x) = f(x)$，那么函数 $f(x)$ 是偶函数；

奇函数：如果对于函数 $f(x)$ 定义域内任意一个 x，都有 $f(-x) = -f(x)$，那么函数 $f(x)$ 是奇函数.

注：若函数 $f(x)$ 具有奇偶性，则 $f(x)$ 的定义域关于原点对称，反之，该函数无奇偶性.

第三节 反函数

一、反函数的概念及求法

引例 当已知正方形的边长为 x，求其面积 y 时，通过 $y = x^2$ 即可求得；反之，当已知正方形的面积为 y，求其边长 x 时，显然要用 $x = \sqrt{y}$ 求出. 这里的 $x = \sqrt{y}$ 就是 $y = x^2$ 的反函数.

一般地，我们有下述定义：

定义 设函数 $y = f(x)$ 的定义域为 D，值域为 M. 若对于每一个 $y \in M$，都能由 $y = f(x)$ 确定唯一的 x 与它对应，则称这个以 y 为自变量的函数是 $y = f(x)$ 的**反函数**，记作 $x = f^{-1}(y)$.

f^{-1} 是根据 $y = f(x)$，从 y 反求 x 的对应法则，称为 f 的**反对应法则**.

在函数 $x = f^{-1}(y)$ 中，y 是自变量，x 是 y 的函数. 但在习惯上，一般用 x 表示自变量，用 y 表示函数，所以，在函数式 $x = f^{-1}(y)$ 中对调字母 x 和 y，把它改写成 $y = f^{-1}(x)$. 今后凡不特别说明，函数 $y = f(x)$ 的反函数都采用这种改写过的 $y = f^{-1}(x)$ 的形式.

由反函数的定义可知，如果函数 $y = f(x)$ 有反函数 $y = f^{-1}(x)$，那么函数 $y = f^{-1}(x)$ 的反函数就是 $y = f(x)$，所以函数 $y = f(x)$ 与它的反函数 $y = f^{-1}(x)$ 互为反函数，并且它们的定义域和

值域是互置关系.

例 1 求下列函数的反函数：

（1） $y = 2x - 1 \ (x \in \mathbf{R})$；　　　　　（2） $y = \sqrt{x} + 1 \ (x \geqslant 0)$.

解：（1）从 $y = 2x - 1$ 解出 x，得 $x = \dfrac{y+1}{2}$.

在 $x = \dfrac{y+1}{2}$ 中对调字母 x 和 y，得 $y = 2x - 1 \ (x \in \mathbf{R})$ 的反函数：$y = \dfrac{x+1}{2} \ (x \in \mathbf{R})$.

（2）从 $y = \sqrt{x} + 1$ 解出 x，得 $x = (y-1)^2$.

在 $x = (y-1)^2$ 中对调字母 x 和 y，得 $y = \sqrt{x} + 1 (x \geqslant 0)$ 的反函数：$y = (x-1)^2 (x \geqslant 1)$.

注　并不是所有的函数在其定义域内都有反函数. 如对于函数 $y = x^2 (x \in \mathbf{R})$，因为 $x = \pm\sqrt{y}$ 不是唯一确定的值，所以由反函数的定义可知，$y = x^2$ 在其定义域 $\mathbf{R}$ 内没有反函数. 但是把 $y = x^2$ 的定义域限制在 $[0, +\infty)$ 上，那么它就有反函数 $y = \sqrt{x}$；如果把 $y = x^2$ 的定义域限制在 $(-\infty, 0]$ 上，那么它就有反函数 $y = -\sqrt{x}$.

课堂练习

求出下列函数的反函数.

（1） $y = \dfrac{1-x}{1+x} \ (x \neq -1)$；　　　　　（2） $y = 4x + 3$.

二、互为反函数的函数图像之间的关系

例 2 求函数 $y = 3x - 2 \ (x \in \mathbf{R})$ 的反函数，并在同一直角坐标系中作出函数及其反函数的图像.

解：从 $y = 3x - 2$ 解出 x，得 $x = \dfrac{y+2}{3}$.

在 $x = \dfrac{y+2}{3}$ 中对调字母 x 和 y，得 $y = 3x - 2 \ (x \in \mathbf{R})$ 的反函数：$y = \dfrac{x+2}{3} \ (x \in \mathbf{R})$.

函数 $y = 3x - 2 \ (x \in \mathbf{R})$ 和它的反函数 $y = \dfrac{x+2}{3} \ (x \in \mathbf{R})$ 的图像如图 2-3 所示.

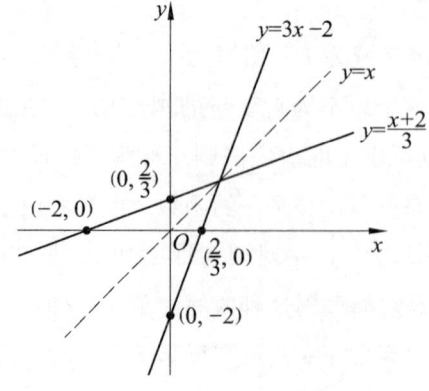

图 2-3

由图 2-3 可以看出，函数 $y=3x-2$ $(x\in\mathbf{R})$ 和它的反函数 $y=\dfrac{x+2}{3}$ $(x\in\mathbf{R})$ 的图像关于直线 $y=x$ 对称．一般地，我们有下述定理：

定理 函数 $y=f(x)$ 的图像和它的反函数 $y=f^{-1}(x)$ 的图像关于直线 $y=x$ 对称．

第四节 幂函数

一、幂函数的概念

在初中，我们学过的函数 $y=x$、$y=x^2$、$y=x^3$ 和 $y=x^{-1}=\dfrac{1}{x}$ 都是以自变量 x 为幂底数、以常数为幂指数的函数．一般地，对于这类函数，我们有下述定义：

定义 形如 $y=x^a$ $(a\in\mathbf{R})$ 的函数称为**幂函数**．

幂函数 $y=x^a$ $(a\in\mathbf{R})$ 的定义域与 a 的具体取值有密切关系，即要根据 a 的不同取值确定它的定义域．如表 2-2 所示：

表 2-2

$y=x^a$	定义域
$y=x^3$	$\mathbf{R}$
$y=x^{\frac{1}{2}}=\sqrt{x}$	$[0,+\infty)$
$y=x^{-2}=\dfrac{1}{x^2}$	$(-\infty,0)\cup(0,+\infty)$
$y=x^{-\frac{1}{2}}=\dfrac{1}{\sqrt{x}}$	$(0,+\infty)$

二、幂函数的图像和性质

在同一直角坐标系中，用描点法作出 $y=x$，$y=x^2$ 和 $y=x^3$ 的图像，如图 2-4 所示．再利用对称性作出 $y=x^2$ $(x\geqslant 0)$ 的反函数 $y=x^{\frac{1}{2}}$ 和 $y=x^3$ $(x\in\mathbf{R})$ 的反函数 $y=x^{\frac{1}{3}}$ 的图像．

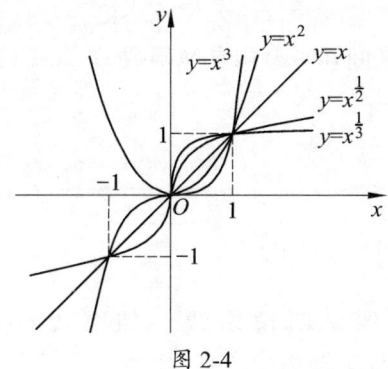

图 2-4

在同一直角坐标系中，用描点法作 $y=x^{-1}=\dfrac{1}{x}$，$y=x^{-2}=\dfrac{1}{x^2}$ 和 $y=x^{-\frac{1}{2}}=\dfrac{1}{\sqrt{x}}$ 的图像，如图 2-5 所示．

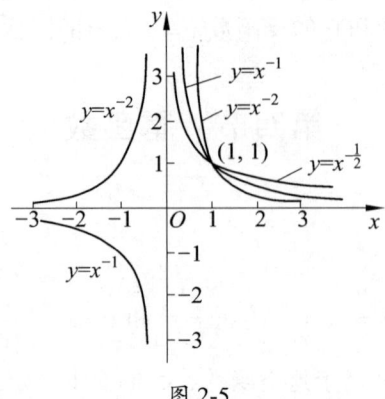

图 2-5

由图 2-4 和图 2-5 可以看到，幂函数 $y=x^a$ $(a\in \mathbf{R})$ 在 $a>0$，$a<0$ 两种情形下的图像特点和性质，如表 2-3 所示．

表 2-3

$y=x^a$	图像特点	函数性质
$a>0$	经过点$(0,0)$和$(1,1)$	在区间$[0,+\infty)$内是增函数
$a<0$	经过点$(1,1)$	在区间$(0,+\infty)$内是减函数

例 1 比较下列各题中两个值的大小：

（1） $1.4^{\frac{3}{2}}$ 与 $(\sqrt{2})^{\frac{3}{2}}$；

（2） $\left(\dfrac{\pi}{6}\right)^{-\frac{2}{3}}$ 与 $\left(\dfrac{1}{2}\right)^{-\frac{2}{3}}$．

解：（1）因为幂函数 $y=x^{\frac{3}{2}}$ 在区间 $(0,+\infty)$ 内是增函数，

又因为 $1.4<\sqrt{2}$，

所以 $1.4^{\frac{3}{2}}<(\sqrt{2})^{\frac{3}{2}}$．

（2）因为幂函数 $y=x^{-\frac{2}{3}}$ 在区间 $(0,+\infty)$ 内是减函数，

又因为 $\dfrac{\pi}{6}>\dfrac{3}{6}=\dfrac{1}{2}$，

所以 $\left(\dfrac{\pi}{6}\right)^{-\frac{2}{3}}<\left(\dfrac{1}{2}\right)^{-\frac{2}{3}}$．

注 幂函数 $y=x^2$ 的图像又叫抛物线，如图 2-6 所示．我们把二次幂函数 $y=ax^2+bx+c$ $(a\neq 0)$ 的图像统称为抛物线．

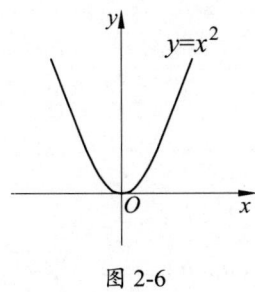

图 2-6

课堂练习

比较下列各题中两个值的大小：

（1） $0.47^{-1.7}$ 与 $0.48^{-1.7}$；　　　　　（2） $13.3^{0.9}$ 与 $13.2^{0.9}$.

第五节　指　数

一、根　式

定义 1　若 $x^n = a \, (n>1, n \in \mathbf{N}_+)$，则 x 叫作 a 的 n 次方根.

当 n 为奇数时，正数的 n 次方根为正数，负数的 n 次方根为负数. a 的 n 次方根用符号 $x = \sqrt[n]{a}$ 表示. 例如，

$$\sqrt[3]{27} = 3, \quad \sqrt[3]{-8} = -2, \quad \sqrt[3]{a^6} = a^2.$$

当 n 是偶数时，正数的 n 次方根有两个，这两个数互为相反数. 正数 a 的正的 n 次方根用符号 $\sqrt[n]{a}$ 表示，负的 n 次方根用符号 $-\sqrt[n]{a}$ 表示. 它们可以合并为 $\pm\sqrt[n]{a} \, (a>0)$. 例如，

$$\sqrt[4]{16} = 2, \quad -\sqrt[4]{16} = -2.$$

16 的 4 次方根有两个，可以写成 $\pm\sqrt[4]{16} = \pm 2$. 负数没有偶次方根.

定义 2　形如 $\sqrt[n]{a}$ 叫作**根式**，n 叫作**根指数**，a 叫作**被开方数**.

注　（1） n 为奇数时，$\sqrt[n]{a^n} = a$；

（2） n 为偶数时，$\sqrt[n]{a^n} = |a| = \begin{cases} a \, (a \geqslant 0) \\ -a \, (a < 0) \end{cases}$.

例 1　求下列各式的值：

（1） $\sqrt[3]{(-5)^3}$；　（2） $\sqrt{(-9)^2}$.

解：（1） $\sqrt[3]{(-5)^3} = -5$；

（2） $\sqrt{(-9)^2} = |-9| = 9$.

课堂练习

求下列各式的值：

（1） $\sqrt[4]{(3-\pi)^4}$； （2） $\sqrt{(a-b)^2}$ $(a > b)$.

二、分数指数幂

先考查下列根式运算过程：

因为 $(\sqrt[4]{a^2})^4 = a^2$，$(\sqrt{a})^4 = a^2$，所以，$\sqrt[4]{a^2} = \sqrt{a} = a^{\frac{2}{4}}$.

容易看出，在根式运算过程中，如果直接把根式写成指数形式，会使运算过程更简单. 为此，我们规定：

正分数指数幂：$a^{\frac{m}{n}} = \sqrt[n]{a^m}$ $(a > 0, m、n \in \mathbf{N}_+ 且 n > 1)$；

负分数指数幂：$a^{-\frac{m}{n}} = \dfrac{1}{a^{\frac{m}{n}}}$ $(a > 0, m、n \in \mathbf{N}_+ 且 n > 1)$.

0 的正分数指数幂等于 0，0 的负分数指数幂没有意义（因为分式的分母不能为 0）.

在规定了分数指数幂以后，指数的概念就从整数指数推广到了有理数指数. 并且，初中学过的整数指数幂的运算性质，对于有理数指数幂也成立：

> 若 $a、b > 0$，$\alpha、\beta \in \mathbf{Q}$，则
> (1) $a^\alpha a^\beta = a^{\alpha+\beta}$；(2) $(a^\alpha)^\beta = a^{\alpha\beta}$；(3) $(ab)^\alpha = a^\alpha b^\alpha$.

注 指数的概念还可以从有理数指数推广到实数指数，并且，当 $\alpha, \beta \in \mathbf{R}$ 时，上述三条运算性质仍然成立.

例 2 计算下列各式（式中字母均为正数）：

（1） $3\sqrt{3} \cdot \sqrt[3]{3} \cdot \sqrt[6]{3}$； （2） $\sqrt[4]{\left(\dfrac{16a^{-4}}{81b^4}\right)^3}$.

解：（1） $3\sqrt{3} \cdot \sqrt[3]{3} \cdot \sqrt[6]{3} = 3 \cdot 3^{\frac{1}{2}} \cdot 3^{\frac{1}{3}} \cdot 3^{\frac{1}{6}} = 3^{1+\frac{1}{2}+\frac{1}{3}+\frac{1}{6}} = 3^2 = 9$；

（2） $\sqrt[4]{\left(\dfrac{16a^{-4}}{81b^4}\right)^3} = \left(\dfrac{2^4 a^{-4}}{3^4 b^4}\right)^{\frac{3}{4}} = \dfrac{(2^4)^{\frac{3}{4}} \cdot (a^{-4})^{\frac{3}{4}}}{(3^4)^{\frac{3}{4}} \cdot (b^4)^{\frac{3}{4}}} = \dfrac{2^3 a^{-3}}{3^3 b^3} = \dfrac{8}{27a^3 b^3}$.

课堂练习

求下列各式的值：

（1）$2\sqrt{2} \cdot \sqrt[4]{2} \cdot \sqrt[8]{2}$； （2）$(m^{\frac{1}{4}} n^{-\frac{3}{8}})^8$.

第六节　指数函数

一、指数函数的概念

引例　某种细胞分裂时，由 1 个分裂为 2 个，2 个分裂为 4 个，……显然，1 个这样的细胞分裂 x 次后，所得细胞的个数 y 与 x 的函数关系式为：$y = 2^x$.

在函数 $y = 2^x$ 中，自变量 x 是指数，底数 2 是一个大于 0 且不等于 1 的常数．一般地，对于这类函数，我们有下述定义：

定义　形如 $y = a^x (a > 0$ 且 $a \neq 1)$ 的函数称为**指数函数**，其中 x 是自变量，函数的定义域是 **R**.

二、指数函数的图像和性质

先用描点法在同一坐标系中作出 $y = 2^x$ 和 $y = \left(\dfrac{1}{2}\right)^x$ 的图像．列出 x 与 y 的对应值，如表 2-4 所示：

表 2-4

x	…	−3	−2	−1	0	1	2	3	…
$y = 2^x$	…	$\dfrac{1}{8}$	$\dfrac{1}{4}$	$\dfrac{1}{2}$	1	2	4	8	…
$y = \left(\dfrac{1}{2}\right)^x$	…	8	4	2	1	$\dfrac{1}{2}$	$\dfrac{1}{4}$	$\dfrac{1}{8}$	…

描点连线，得 $y = 2^x$ 和 $y = \left(\dfrac{1}{2}\right)^x$ 的图像，如图 2-7 所示.

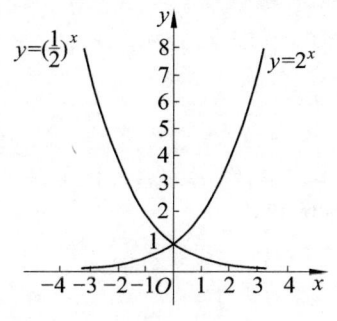

图 2-7

一般地，$a>1$ 时 $y=a^x$ 的图像如图 2-8(a)所示；$0<a<1$ 时 $y=a^x$ 的图像如图 2-8(b)所示．

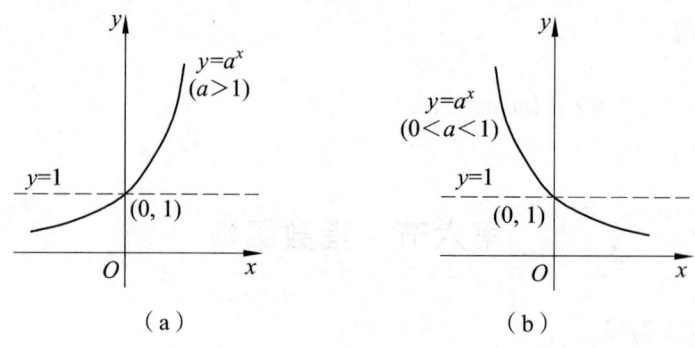

图 2-8

由图 2-8 可以看出，指数函数 $y=a^x(a>0$ 且 $a\neq 1)$ 在底数 $a>1$ 及 $0<a<1$ 两种情形下的主要性质，如表 2-5 所示．

表 2-5

函数	$y=a^x(a>1)$	$y=a^x(0<a<1)$
定义域	**R**	**R**
值域	$y>0$，$x>0$ 时，$y>1$ $x<0$ 时，$0<y<1$	$y>0$，$x>0$ 时，$0<y<1$ $x<0$ 时，$y>1$
定点	过点$(0,1)$	过点$(0,1)$
单调性	单调递增	单调递减

例 1 比较下列各题中两个值的大小：

（1）$5^{\frac{1}{3}}$ 与 $5^{\frac{1}{2}}$；　　　　　　（2）$0.17^{-0.2}$ 与 $0.17^{-0.3}$．

解：（1）因为 $y=5^x$ 在 **R** 内是增函数，

又因为 $\dfrac{1}{2}>\dfrac{1}{3}$，

所以 $5^{\frac{1}{2}}>5^{\frac{1}{3}}$．

（2）因为 $y=0.17^x$ 在 **R** 内是减函数，

又因为 $-0.2>-0.3$，

所以 $0.17^{-0.2}<0.17^{-0.3}$．

课堂练习

比较下列各题中两个值的大小：

（1） $0.75^{1.4}$ 与 $0.75^{1.5}$；

（2） $\left(\dfrac{5}{4}\right)^{-5}$ 与 $\left(\dfrac{5}{4}\right)^{-4.9}$.

第七节 对 数

一、对数的概念和基本性质

引例 已知 1997 年我国的国民生产总值为 a 亿元，如每年平均增长 8%，那么经过多少年国民生产总值是 1997 年的 2 倍？

解：设经过 x 年国民生产总值是 1997 年的 2 倍，则有

$$a(1+8\%)^x = 2a,$$

即
$$1.08^x = 2.$$

这是已知底数和幂的值，求指数的问题. 也就是本节将要学习的对数问题.

定义 如果 $a^b = N\ (a > 0, a \neq 1)$，那么 b 就是以 a 为底 N 的对数，记作

$$\log_a N = b\ (a > 0, a \neq 1),$$

其中 a 叫作对数的**底数**，N 叫作**真数**.

由对数的定义可知，$a^b = N$ 和 $\log_a N = b$ 所表示的三个数 a、b、N 之间的关系是相同的，前面称为**指数式**，后面称为**对数式**. 例如，$2^3 = 8$ 和 $\log_2 8 = 3$，这两个等式表示的是同一个关系.

由对数的定义可知，对数具有下述基本性质：

（1）1 的对数等于 0；

（2）底的对数等于 1；

（3）零和负数没有对数.

通常把以 10 为底的对数称为**常用对数**，为了简便，N 的常用对数 $\log_{10} N$ 记作 $\lg N$. 如 $\log_{10} 5$ 记作 $\lg 5$，$\log_{10} 3.5$ 记作 $\lg 3.5$.

在工程技术中常常使用以无理数 $e = 2.71828\cdots$ 为底的对数，以 e 为底的对数称为**自然对数**，习惯上，N 的自然对数 $\log_e N$ 记作 $\ln N$. 如 $\log_e 3$ 记作 $\ln 3$，$\log_e 10$ 记作 $\ln 10$.

求任意一个正实数的常用对数或自然对数，可以查表，也可以使用计算器求解.

例 1 把下列指数式写成对数式：

（1） $5^4 = 625$；（2） $2^{-6} = \dfrac{1}{64}$.

解：（1） $\log_5 625 = 4$；

（2） $\log_2 \dfrac{1}{64} = -6$.

例 2 把下列对数式写成指数式：

（1） $\log_{\frac{1}{2}} 16 = -4$ ； （2） $\log_2 128 = 7$.

解：（1） $\left(\dfrac{1}{2}\right)^{-4} = 16$ ；

（2） $2^7 = 128$.

课堂练习

1. 把下列指数式写成对数式.

（1） $3^a = 27$ ； （2） $\left(\dfrac{1}{3}\right)^m = 5.73$.

2. 把下列对数式写成指数式.

（1） $\lg 0.01 = -2$ ； （2） $\ln 10 \approx 2.303$.

二、对数的运算性质

根据对数的定义，可以把指数的运算改写成对数的形式：
设 $a > 0$ 且 $a \neq 1$，则

（1） $a^m \cdot a^n = a^{m+n} \Rightarrow \log_a(a^m \cdot a^n) = m + n$ ；

（2） $\dfrac{a^m}{a^n} = a^{m-n} \Rightarrow \log_a\left(\dfrac{a^m}{a^n}\right) = m - n$ ；

（3） $(a^m)^\alpha = a^{m\alpha} \Rightarrow \log_a(a^m)^\alpha = \alpha m \ (\alpha \in \mathbf{R})$.

设 $a^m = M$，$a^n = N$，则 $m = \log_a M$，$n = \log_a N$．将它们代入上述三个对数式，则得对数的运算性质：

> 若 $a > 0$ 且 $a \neq 1$，M、$N > 0$，则
> (1) $\log_a(MN) = \log_a M + \log_a N$;
> (2) $\log_a \dfrac{M}{N} = \log_a M - \log_a N$;
> (3) $\log_a M^\alpha = \alpha \log_a M \ (\alpha \in \mathbf{R})$.

由于同底数的幂相乘，不论有多少个因数，都是把指数相加，所以上述性质（1）可以推广到多于两个因数之间的情形：

$$\log_a(N_1 N_2 \cdots N_n) = \log_a N_1 + \log_a N_2 + \cdots + \log_a N_n = \sum_{i=1}^{n} \log_a N_i .$$

例 3 用 $\log_a x$、$\log_a y$、$\log_a z$ 表示下列各式：

（1）$\log_a x^3 y^5$；（2）$\log_a \dfrac{x^2 \sqrt{y}}{\sqrt[3]{z}}$.

解：（1）$\log_a x^3 y^5 = \log_a x^3 + \log_a y^5 = 3\log_a x + 5\log_a y$.

（2）$\log_a \dfrac{x^2 \sqrt{y}}{\sqrt[3]{z}} = \log_a x^2 \sqrt{y} - \log_a \sqrt[3]{z}$

$= \log_a x^2 + \log_a \sqrt{y} - \log_a \sqrt[3]{z}$

$= 2\log_a x + \dfrac{1}{2}\log_a y - \dfrac{1}{3}\log_a z$.

例 4　计算：（1）$\lg \sqrt[5]{1000}$；（2）$\log_2(4^5 \times 2^3)$.

解：（1）$\lg \sqrt[5]{1000} = \dfrac{1}{5}\lg 10^3 = \dfrac{3}{5}\lg 10 = \dfrac{3}{5}$；

（2）$\log_2(4^5 \times 2^3) = \log_2 4^5 + \log_2 2^3 = 5\log_2 4 + 3\log_2 2 = 5 \times 2 + 3 \times 1 = 13$.

课堂练习

1. 用 $\log_a x$、$\log_a y$、$\log_a z$ 表示下列各式.

（1）$\log_a \dfrac{\sqrt[3]{x}}{y^2 z}$；（2）$\log_a x^5 y^3$.

2. 计算：$\lg 10 + \lg 100 + \lg 1000$.

第八节　对数函数

一、对数函数的概念

由第六节的引例可知，某种细胞分裂时，所得细胞的个数 y 与 x 的函数关系是指数函数 $y = 2^x$. 现在来研究相反的问题：1 个这样的细胞，经过多少次分裂可以得到 1 万个？10 万个？……这时，分裂次数 x 就是细胞个数 y 的函数. 根据对数的定义，这个函数可以写成对数式 $x = \log_2 y$.

如果用 x 表示自变量，这个函数就是 $y = \log_2 x$. 由反函数的定义可知，$y = \log_2 x$ 就是指数函数 $y = 2^x$ 的反函数.

一般地，函数 $y = \log_a x (a > 0$ 且 $a \neq 1)$ 就是指数函数 $y = a^x (a > 0$ 且 $a \neq 1)$ 的反函数.

定义　形如 $y = \log_a x (a > 0$ 且 $a \neq 1)$ 的函数称为**对数函数**.

由于互为反函数的两个函数的定义域和值域是互置关系，又因为指数函数 $y = a^x$ 的定义域为 **R**，值域为 $(0, +\infty)$，所以对数函数 $y = \log_a x$ 的定义域为 $(0, +\infty)$，值域为 **R**.

例 1　求函数 $y = \log_a \dfrac{1}{1-3x}$ 的定义域.

解：欲使这个函数有意义，必须使

$$\frac{1}{1-3x} > 0,$$

即

$$x < \frac{1}{3}.$$

所以，函数的定义域为 $\left(-\infty, \dfrac{1}{3}\right)$.

课堂练习

求函数 $\log_5(6+x-x^2)$ 的定义域.

二、对数函数的图像和性质

由于对数函数 $y = \log_a x$ 是指数函数 $y = a^x$ 的反函数，所以，$y = \log_a x$ 的图像就是 $y = a^x$ 的图像关于直线 $y = x$ 对称的图形. 其中，当 $a > 1$ 时，$y = \log_a x$ 的图像如图 2-9（a）所示；当 $0 < a < 1$ 时，$y = \log_a x$ 的图像如图 2-9（b）所示.

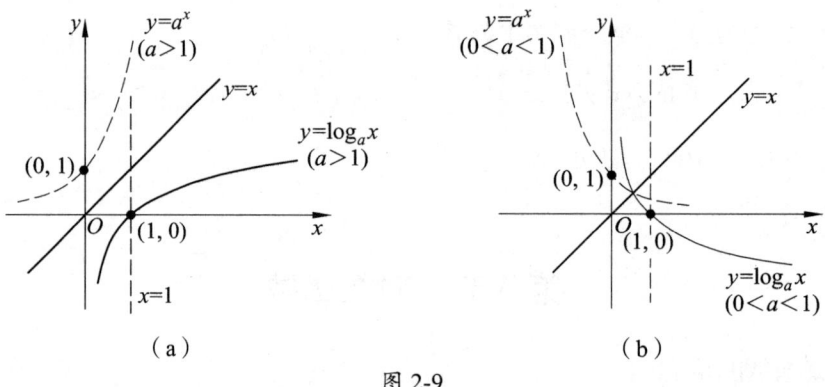

图 2-9

由图 2-9 可以看出，对数函数 $y = \log_a x$ 的主要性质如表 2-6 所示.

表 2-6

函 数		$y = \log_a x\,(a > 1)$	$y = \log_a x\,(0 < a < 1)$
主要性质	相同点	（1）$x \in (0, +\infty)$，$y \in (-\infty, +\infty)$	
		（2）当 $x = 1$ 时，$y = 0$	
	不同点	（3）当 $x > 1$ 时，$y > 0$； 当 $0 < x < 1$ 时，$y < 0$	（3）当 $x > 1$ 时，$y < 0$； 当 $0 < x < 1$ 时，$y > 0$
		（4）在 $(0, +\infty)$ 内是增函数	（4）在 $(0, +\infty)$ 内是减函数

例2 比较下列各题中两个值的大小：

（1） $\log_5 6$ 与 $\log_5 6.1$ ；　　　　（2） $\log_{\frac{1}{2}} 3.14$ 与 $\log_{\frac{1}{2}} \pi$ ．

解：（1）因为 $y = \log_5 x$ 在区间 $(0, +\infty)$ 内是增函数，

又因为 $6 < 6.1$ ，

所以， $\log_5 6 < \log_5 6.1$ ．

（2）因为 $y = \log_{\frac{1}{2}} x$ 在区间 $(0, +\infty)$ 内是减函数，

又因为 $3.14 < \pi$ ，

所以， $\log_{\frac{1}{2}} 3.14 > \log_{\frac{1}{2}} \pi$ ．

课堂练习

比较下列各题中两个值的大小：

（1） $\log_{\frac{1}{3}} 2$ 与 $\log_{\frac{1}{3}} 2.5$ ；　　　　（2） $\log_{1.5} 1.6$ 与 $\log_{1.5} 1.4$ ．

知识回顾

本章的主要内容有五个部分：函数的概念与性质，反函数，幂函数，指数与指数函数，对数与对数函数．

一、函数的概念与性质

1. 函数

任取 $x \in D$ ，按照对应法则 f ，若存在唯一的 $y \in M$ 与它对应，则称 y 是 x 的函数，记作 $y = f(x)$ ．

2. 函数的表示方法

解析式．

图像法．点集 $\{(x, y) | x \in D, y = f(x) \in M\}$ ．

表格法．

3. 函数的单调性与奇偶性

单调性：设 $f(x)$ 的定义域为 D ， $G \subseteq D$ ，任取 x_1 、 $x_2 \in G$ ，当 $x_1 < x_2$ 时，

（1）若 $f(x_1) < f(x_2)$ ，则 $f(x)$ 在 G 上是增函数；

（2）若 $f(x_1) > f(x_2)$ ，则 $f(x)$ 在 G 上是减函数．

奇偶性：

（1）偶函数：对于函数 $f(x)$ 定义域内的任意一个 x ，都有 $f(-x) = f(x)$ ；

（2）奇函数：对于函数 $f(x)$ 定义域内的任意一个 x ，都有 $f(-x) = -f(x)$ ．

二、反函数

设 $y=f(x)$ 的定义域为 D，值域为 M. 任取 $y \in M$，若由 $y=f(x)$ 确定唯一的 x 与它对应，则称这个以 y 为自变量的函数就是 $y=f(x)$ 的反函数，记作 $x=f^{-1}(y)$.

三、幂函数

形如 $y=x^a (a \in \mathbf{R})$ 的函数称为**幂函数**.

幂函数图像的特点和性质：幂函数 $y=x^a$，当 $a>0$ 时，图像经过点 $(0,0)$ 和 $(1,1)$；在区间 $[0,+\infty)$ 内是增函数；当 $a<0$ 时，图像经过点 $(1,1)$，在区间 $(0,+\infty)$ 内是减函数.

四、指数与指数函数

1. 分数指数幂

$a^{\frac{m}{n}} = \sqrt[n]{a^m}$ $(a>0, m、n \in \mathbf{N}_+ \text{ 且 } n>1)$；

$a^{-\frac{m}{n}} = \dfrac{1}{a^{\frac{m}{n}}}$ $(a>0, m、n \in \mathbf{N}_+ \text{ 且 } n>1)$.

2. 指数运算性质

若 $a、b>0$，$\alpha、\beta \in \mathbf{Q}$，则

（1）$a^\alpha a^\beta = a^{\alpha+\beta}$；　　（2）$(a^\alpha)^\beta = a^{\alpha\beta}$；　　（3）$(ab)^\alpha = a^\alpha b^\alpha$.

3. 指数函数 $y=a^x (a>0 \text{ 且 } a \neq 1)$ 的性质

（1）定义域：$x \in (-\infty,+\infty)$；

（2）值域：$y \in (0,+\infty)$；

（3）$x=0$ 时，$y=1$；

（4）当 $a>1$ 时，在 $(-\infty,+\infty)$ 内是增函数；当 $0<a<1$ 时，在 $(-\infty,+\infty)$ 内是减函数.

五、对数与对数函数

1. 对数

若 $a^b = N(a>0 \text{ 且 } a \neq 1)$，则 $\log_a N = b$.

2. 对数运算性质

若 $a>0$ 且 $a \neq 1$，$M、N>0$，则

（1）$\log_a(MN) = \log_a M + \log_a N$；

（2）$\log_a \dfrac{M}{N} = \log_a M - \log_a N$；

（3）$\log_a M^\alpha = \alpha \log_a M (\alpha \in \mathbf{R})$.

3. 对数函数 $y = \log_a x (a > 0$ 且 $a \neq 1)$ 的性质

（1）定义域：$x \in (0, +\infty)$；

（2）值域：$y \in (-\infty, +\infty)$；

（3）$x = 1$ 时，$y = 0$；

（4）当 $a > 1$ 时，在 $(0, +\infty)$ 内是增函数；当 $0 < a < 1$ 时，在 $(0, +\infty)$ 内是减函数.

第三章 三角函数及应用

第一节 角的概念的推广

一、任意角的概念

在平面几何中,角可以看作一条射线绕着它的端点在平面内旋转形成的图形. 如图 3-1 所示,射线的端点 O 称为 α **角的顶点**,起始位置 OA 称为 α **角的始边**,终止位置 OB 称为 α **角的终边**.

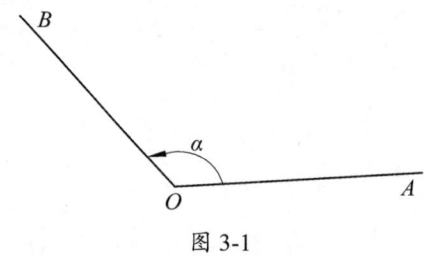

图 3-1

初中学过的角 α 的范围是 $0°\leqslant\alpha\leqslant 360°$,但在实践中还会遇到其他的角,即大于 360° 的角. 例如,在日常生活中,经常需要把螺母拧紧或拧松,并且紧或松的过程往往不只旋转一周. 这说明既需要研究角的方向,还需要研究大于 360° 的角.

在平面内,一条射线绕着它的端点旋转时,有两个相反的旋转方向. 习惯上,按逆时针方向旋转形成的角称为**正角**,如 30°;按顺时针方向旋转形成的角称为**负角**,如 -30°. 特别地,射线不作任何旋转时,也把它看成一个角,称为**零角**,即 0°.

角的概念经过这样推广以后,包括任意大小的正角、负角和零角,它们统称为**任意角**.

今后主要是在直角坐标系内研究角. 通常,置角的顶点于原点,角的始边重合于 x 轴的正半轴,角的终边落在第几象限就称为第几象限角:

当角 α 的终边落在第一象限时,称为第一象限角,记作 $\alpha\in\mathrm{I}$;

当角 α 的终边落在第二象限时,称为第二象限角,记作 $\alpha\in\mathrm{II}$;

当角 α 的终边落在第三象限时,称为第三象限角,记作 $\alpha\in\mathrm{III}$;

当角 α 的终边落在第四象限时,称为第四象限角,记作 $\alpha\in\mathrm{IV}$.

注 1 如果角的终边落在坐标轴上,规定这个角不属于任一象限角;

注 2 当 $\alpha\in(0°,360°)$ 时,① $\alpha\in\mathrm{I}$,$\alpha\in(0°,90°)$;② $\alpha\in\mathrm{II}$,$\alpha\in(90°,180°)$;③ $\alpha\in\mathrm{III}$,$\alpha\in(180°,270°)$;④ 当 $\alpha\in\mathrm{IV}$,$\alpha\in(270°,360°)$.

例 1 判断下列各角分别是第几象限角:

(1) 30°; (2) 130°; (3) 230°; (4) 330°; (5) -30°.

解:(1)因为 30° 角的终边落在第一象限,所以 $30°\in\mathrm{I}$;

(2)因为 130° 角的终边落在第二象限,所以 $130°\in\mathrm{II}$;

(3)因为 230° 角的终边落在第三象限,所以 $230°\in\mathrm{III}$;

（4）因为330°角的终边落在第四象限，所以330°∈Ⅳ；

（5）因为-30°角的终边落在第四象限，所以-30°∈Ⅳ.

课堂练习

1. 口答下列问题：

（1）锐角是第几象限的角？

（2）第一象限的角是否都是锐角？

（3）第二象限角是否都比第一象限角大？

2. 射线按顺时针方向旋转所成的角是_____角，而按逆时针方向旋转所成的角是_____角.

二、终边相同的角

在直角坐标系中研究角，终边落在同一条射线上的角称为**终边相同的角**. 如图3-2所示，390°和-330°这两个角都是与 30°终边相同的角，它们分别可以写成下列形式：

$$30°+360°, \quad 30°-360°.$$

显然，除390°和-330°外，与30°角终边相同的角还有：

$$30°+2×360°, \quad 30°-2×360°;$$

$$30°+3×360°, \quad 30°-3×360°;$$

……， ……

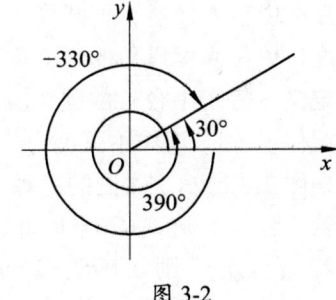

图3-2

由此可得，终边相同的角的集合为：

$$\{\beta \mid \beta = \alpha + k \cdot 360°, k \in \mathbf{Z}\}.$$

由此可见，终边相同的角落在同一象限，即为同一象限角. 凡是终边相同的两个角，它们之差一定是360°的整数倍.

例2 判断下列各角属于第几象限角：

（1）405°； （2）-1998°.

解：（1）因为 405°＝45°+360°，

所以 45°是与405°终边相同的角.

因为 45°∈Ⅰ，

所以 405°∈Ⅰ.

（2）因为-1998°＝162°-6×360°，

所以 162°是与-1998°终边相同的角.

因为 162°∈Ⅱ，

所以-1998°∈Ⅱ.

课堂练习

1. 判断下列各角属于第几象限角：
（1）500°；（2）-580°.
2. 终边落在 x 轴上的角的通式 _____.
3. 终边落在 y 轴上的角的通式 _____.
4. 判断题.
（1）90°∈Ⅱ. （　　）
（2）终边相同的角一定相差 360° 的整数倍.　（　　）

第二节　弧度制

一、弧度制的概念

在初中我们学过，把圆周 360 等分，其中 1 份所对的圆心角称为 **1 度的角**，记作 1°. 这种用度作单位来度量角的制度称为**角度制**. 下面介绍度量角的另一种制度，即**弧度制**.

定义　等于半径长的圆弧所对的圆心角称为 **1 弧度的角**，记作 1 rad，读作 1 弧度.

如图 3-3 所示，设圆的半径为 r，

若 $\overset{\frown}{AB} = r$，则 $\angle AOB = 1$ rad；

若 $\overset{\frown}{AC} = 2r$，则 $\angle AOC = 2$ rad；

若 $\overset{\frown}{AD} = \dfrac{1}{2}r$，则 $\angle AOD = \dfrac{1}{2}$ rad.

由于角有正负，所以规定：正角的弧度数为正数，负角的弧度数为负数，零角的弧度数为零.

由此可以得出任意一个角 α 的弧度数的绝对值公式：

$$|\alpha| = \frac{l}{r}.$$

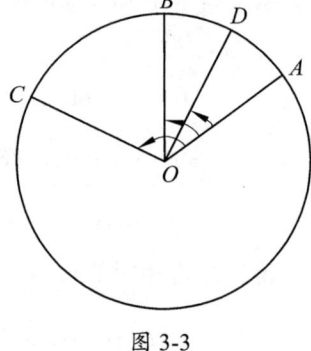

图 3-3

其中 l 是角 α 所对的圆弧长，r 是圆的半径. 这种用弧度作单位来度量角的制度称为**弧度制**.

例 1　在半径为 50 cm 的圆周上，有一段长为 123 cm 的弧，求这段弧所对的圆心角的弧度数.

解：因为 $r = 50$，$l = 123$，

所以 $\alpha = \dfrac{l}{r} = \dfrac{123}{50} \approx 2.460$ rad.

所以这段弧所对的圆心角的弧度数为 2.460 rad.

课堂练习

在半径为 35 cm 的圆周上，有一段长为 118 cm 的弧，求这段弧所对的圆心角的弧度数.

二、度与弧度的换算

我们知道,圆周长 $l=2\pi r$,代入公式 $|\alpha|=\dfrac{l}{r}$,得圆周角

$$|\alpha|=\dfrac{2\pi r}{r}=2\pi \text{ rad};$$

又因为圆周角等于 360°,所以 360°= 2π rad. 于是

$$180°=\pi \text{ rad}.$$

由此可得

$$\boxed{\begin{array}{l} 1°=\dfrac{\pi}{180}\text{rad}; \\ 1\text{ rad}=\left(\dfrac{180}{\pi}\right)°\approx 57°17'45''. \end{array}}$$

注意以下几点:

(1)度数与弧度之间的换算,可以用上述公式进行,也可借助"计算器"进行;

(2)今后在具体运算时,"弧度"二字和单位符号"rad"可以省略. 如:3 表示 3 rad;$\sin\dfrac{\pi}{4}$ 表示 $\dfrac{\pi}{4}$ rad 角的正弦;

(3)一些特殊角的度数与弧度数的对应值应该记住,列表 3-1 如下:

表 3-1

度	0°	30°	45°	60°	90°	120°	135°	150°	180°	270°	360°
弧度(rad)	0	$\dfrac{\pi}{6}$	$\dfrac{\pi}{4}$	$\dfrac{\pi}{3}$	$\dfrac{\pi}{2}$	$\dfrac{2\pi}{3}$	$\dfrac{3\pi}{4}$	$\dfrac{5\pi}{6}$	π	$\dfrac{3\pi}{2}$	2π

(4)套用度与弧度的换算公式时,度、分、秒的角要先转化为度再套用公式计算.

例 2 把下列各角的度数化为弧度数:

(1)67°30′; (2)15.6°.

解:(1)因为 $67°30'=\left(67\dfrac{1}{2}\right)°$,

所以 $67°30'=\dfrac{\pi}{180}\times 67\dfrac{1}{2}=\dfrac{3}{8}\pi$ rad.

(2)$15.6°=\dfrac{\pi}{180}\times 15.6\approx 0.272$ rad.

例 3 把下列各角的弧度数化为度数:

(1)$\dfrac{3}{5}\pi$ rad; (2)1.3826 rad.

解:(1)$\dfrac{3}{5}\pi$ rad $=\dfrac{3}{5}\pi\times\left(\dfrac{180}{\pi}\right)°=108°00'00''.$

(2)1.3826 rad $\approx 57°17'45''\times 1.3826\approx 79°13'00''.$

课堂练习

1. 把下列各角的度数化为弧度数：
(1) 35°； (2) 75.6°.

2. 把下列各角的弧度数化为度数：
(1) $\dfrac{7}{8}\pi$； (2) 2.412.

三、弧度制下弧长公式和扇形的面积公式

我们知道，在角度制下，弧长公式 $l = \dfrac{n\pi r}{180}$，扇形的面积公式 $S = \dfrac{n\pi r^2}{360}$. 现在我们来推导弧度制下的弧长公式和扇形的面积公式.

根据弧度制下的公式 $|\alpha| = \dfrac{l}{r}$ 立即可得弧长公式：

$$\boxed{l = |\alpha| \cdot r.}$$

这说明，圆弧的长等于半径与圆心角的弧度数之积，其中角 α 的单位必须是弧度数（即 rad）.

在角度制下的扇形面积公式 $S = \dfrac{n\pi r^2}{360}$ 中，由于 n 是扇形所含圆心角的角度数，所以 $n \cdot \dfrac{\pi}{180}$ 就是所含圆心角的弧度数 $|\alpha|$，即

$$n \cdot \dfrac{\pi}{180} = |\alpha|.$$

代入 $S = \dfrac{n\pi r^2}{360}$，得弧度制下的扇形面积公式：

$$\boxed{S = \dfrac{1}{2}|\alpha|r^2 = \dfrac{1}{2}lr.}$$

其中，角 α 的单位必须是 rad.

例 4 在半径为 50 cm 的圆中，求 30° 圆心角所对的圆弧长、此扇形的周长及面积.

解：因为 30° 圆心角所对应的弧度数为 $\dfrac{\pi}{6}$，

则 30° 圆心角所对应的圆弧长为 $l = |\alpha| \cdot r = \dfrac{\pi}{6} \times 50 = \dfrac{25}{3}\pi$ cm；

此扇形的周长为 $c = l + 2r = \left(\dfrac{25}{3}\pi + 100\right)$ cm；

此扇形的面积为 $S = \dfrac{1}{2}lr = \dfrac{1}{2} \times \dfrac{25}{3}\pi \times 50 = \dfrac{625}{3}\pi$ cm².

所以，所求的圆弧长为 $\dfrac{25}{3}\pi$ cm，此扇形的周长为 $\left(\dfrac{25}{3}\pi + 100\right)$ cm，扇形的面积为 $\dfrac{625}{3}\pi$ cm².

例 5 如图 3-4 所示，田径运动场的弯道为圆弧. 设其中一道宽为 1.15 m，内弧半径为 32 m，这段弧所对的圆心角为 150°，求这段跑道的面积.

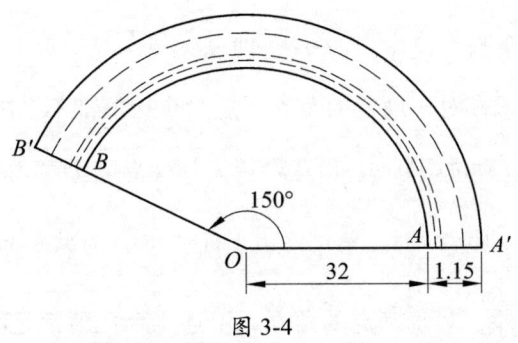

图 3-4

解：设所求跑道的面积为 S，则

$$S = 大扇形的面积 - 小扇形的面积$$

$$= \frac{1}{2} \times \frac{5\pi}{6}(32+1.15)^2 - \frac{1}{2} \times \frac{5\pi}{6} \times 32^2$$

$$= \frac{5\pi}{12}(33.15^2 - 32^2) \approx \frac{5\pi}{12} \times 74.9$$

$$\approx \frac{5}{12} \times 3.14 \times 74.9 \approx 98 \text{ m}^2.$$

课堂练习

1. 在半径为 50 cm 的圆中，求 60°圆心角所对的圆弧长、此扇形的周长及面积.

2. 已知 JD6 的桩号为 K2+123.024，右转角 α 为 39°27′03″，设计圆曲线半径 R 为 120 m，试计算圆曲线的曲线长.

第三节　任意角的三角函数

一、任意角的三角函数

初中学过的锐角三角函数，是以锐角为自变量、以比值为函数值的函数．下面，在直角坐标系中，研究任意角的三角函数．

如图 3-5 所示，设角 α 是一个任意角，α 终边上任一点 P 的坐标为 (x, y)，点 P 与原点的距离 $r = \sqrt{x^2+y^2} > 0$，则：

（1）比值 $\dfrac{y}{r}$ 称为 α 的正弦，记作：$\sin\alpha$，即 $\sin\alpha = \dfrac{y}{r}$；

（2）比值 $\dfrac{x}{r}$ 称为 α 的余弦，记作：$\cos\alpha$，即 $\cos\alpha = \dfrac{x}{r}$；

（3）比值 $\dfrac{y}{x}$ 称为 α 的正切，记作：$\tan\alpha$，即 $\tan\alpha = \dfrac{y}{x}$；

（4）比值 $\dfrac{x}{y}$ 称为 α 的余切，记作：$\cot\alpha$，即 $\cot\alpha = \dfrac{x}{y}$；

（5）比值 $\dfrac{r}{x}$ 称为 α 的正割，记作：$\sec\alpha$，即 $\sec\alpha = \dfrac{r}{x}$；

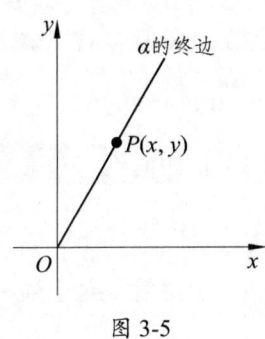

图 3-5

（6）比值 $\dfrac{r}{y}$ 称为 α 的余割，记作：$\csc\alpha$，即 $\csc\alpha = \dfrac{r}{y}$.

根据相似三角形的知识，对于确定的角 α，这六个比值都不会随点 P 在角 α 终边上的位置的变化而改变. 当 $\alpha = \dfrac{\pi}{2}+k\pi(k\in \mathbf{Z})$ 时，角 α 终边上任一点 P 的横坐标 $x=0$，所以 $\tan\alpha = \dfrac{y}{x}$ 和 $\sec\alpha = \dfrac{r}{x}$ 无意义；当 $\alpha = k\pi(k\in \mathbf{Z})$ 时，角 α 终边上任一点 P 的纵坐标 $y=0$，所以 $\cot\alpha = \dfrac{x}{y}$ 和 $\csc\alpha = \dfrac{r}{y}$ 无意义. 除此之外，对于确定的角 α，上述六个比值都是唯一确定的. 也就是说，正弦、余弦、正切、余切、正割、余割都是以角为自变量、以比值为函数值的函数，它们统称为**三角函数**.

例1 如图3-6所示，已知角 α 终边上一点 P 的坐标为（4，-3），求角 α 的三角函数值.

解：因为 $x=4$，$y=-3$，

所以 $r = \sqrt{x^2+y^2} = \sqrt{4^2+(-3)^2} = 5$.

所以 $\sin\alpha = \dfrac{y}{r} = \dfrac{-3}{5} = -\dfrac{3}{5}$，$\cos\alpha = \dfrac{x}{r} = \dfrac{4}{5}$，

$\tan\alpha = \dfrac{y}{x} = \dfrac{-3}{4} = -\dfrac{3}{4}$，$\cot\alpha = \dfrac{x}{y} = \dfrac{4}{-3} = -\dfrac{4}{3}$，

$\sec\alpha = \dfrac{r}{x} = \dfrac{5}{4}$，$\csc\alpha = \dfrac{r}{y} = -\dfrac{5}{3}$.

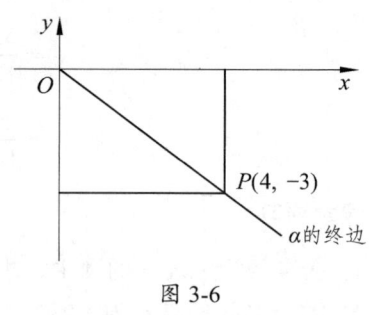

图 3-6

课堂练习

已知角 α 终边上一点 P 的坐标为 $(-5, 12)$，求角 α 的三角函数值.

二、三角函数的符号

根据三角函数的定义以及各象限内点的坐标符号，可以确定三角函数值在各象限的符号：

（1）正弦值 $\dfrac{y}{r}$ 对于第一、第二象限角是正的（$y>0, r>0$），对于第三、第四象限角是负的（$y<0, r>0$）；

（2）余弦值 $\dfrac{x}{r}$ 对于第一、第四象限角是正的（$x>0, r>0$），对于第二、第三象限角是负的（$x<0, r>0$）；

（3）正切值 $\dfrac{y}{x}$ 对于第一、第三象限角是正的（x 与 y 同号），对于第二、第四象限角是负的（x 与 y 异号）；

（4）余切值 $\dfrac{x}{y}$ 对于第一、第三象限角是正的（x 与 y 同号），对于第二、第四象限角是负的（x 与 y 异号）.

这里的规律可以概括为：**Ⅰ 全正，Ⅱ 正弦，Ⅲ 正切，Ⅳ 余弦**．即在第一象限，三角函数全为正值；在第二象限，正弦为正值，其余为负值；在第三象限，正切为正值、余切为正值，其余为负值；在第四象限，余弦为正值，其余为负值．也可以把它放在象限中来记忆：

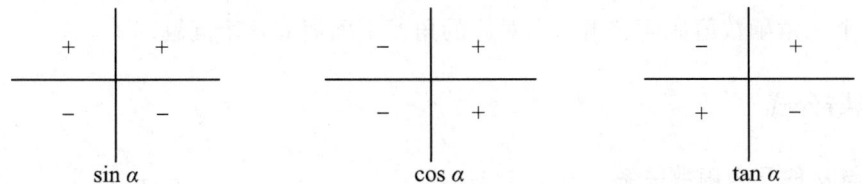

例 2　（1）根据 $\sin\alpha < 0$ 且 $\tan\alpha > 0$，确定 α 是第几象限角．
（2）已知 α 是第二象限角，判断 $\cos\alpha \cdot \tan\alpha$ 的符号．

解：（1）因为 $\sin\alpha < 0$，
所以 $\alpha \in \mathrm{III}$ 或 $\alpha \in \mathrm{IV}$；
又因为 $\tan\alpha > 0$，
所以 $\alpha \in \mathrm{I}$ 或 $\alpha \in \mathrm{III}$．
所以 $\alpha \in \mathrm{III}$，
即满足 $\sin\alpha < 0$ 且 $\tan\alpha > 0$ 的 $\alpha \in \mathrm{III}$．
（2）因为 α 是第二象限角，
所以 $\cos\alpha < 0,\ \tan\alpha < 0$．
所以 $\cos\alpha \cdot \tan\alpha > 0$，
即 $\cos\alpha \cdot \tan\alpha$ 的符号为正．

课堂练习

1. 根据 $\cos\alpha < 0$ 且 $\tan\alpha < 0$，确定 α 是第几象限角．
2. 已知 α 是第四象限角，判断 $\cos\alpha \cdot \tan\alpha$ 的符号．

三、常用三角函数值（特殊角的三角函数值）

度	0°	30°	45°	60°	90°	120°	135°	150°	180°	270°	360°
弧度（rad）	0	$\dfrac{\pi}{6}$	$\dfrac{\pi}{4}$	$\dfrac{\pi}{3}$	$\dfrac{\pi}{2}$	$\dfrac{2\pi}{3}$	$\dfrac{3\pi}{4}$	$\dfrac{5\pi}{6}$	π	$\dfrac{3\pi}{2}$	2π
$\sin\alpha$	0	$\dfrac{1}{2}$	$\dfrac{\sqrt{2}}{2}$	$\dfrac{\sqrt{3}}{2}$	1	$\dfrac{\sqrt{3}}{2}$	$\dfrac{\sqrt{2}}{2}$	$\dfrac{1}{2}$	0	-1	0
$\cos\alpha$	1	$\dfrac{\sqrt{3}}{2}$	$\dfrac{\sqrt{2}}{2}$	$\dfrac{1}{2}$	0	$-\dfrac{1}{2}$	$-\dfrac{\sqrt{2}}{2}$	$-\dfrac{\sqrt{3}}{2}$	-1	0	1
$\tan\alpha$	0	$\dfrac{\sqrt{3}}{3}$	1	$\sqrt{3}$	—	$-\sqrt{3}$	-1	$-\dfrac{\sqrt{3}}{3}$	0	—	0
$\cot\alpha$	—	$\sqrt{3}$	1	$\dfrac{\sqrt{3}}{3}$	0	$-\dfrac{\sqrt{3}}{3}$	-1	$-\sqrt{3}$	—	0	—

第四节 已知三角函数值求角

我们知道,锐角的三角函数值可以查表或使用计算器求得.那么怎样求任意角的三角函数值?已知一个三角函数值如何求出与它对应的角?下面研究这个问题.

一、诱导公式

1. $-\alpha$ 与 α 的三角函数关系

如图 3-7 所示,设 α 和 $-\alpha$ 的终边分别与单位圆相交于 P 和 P',则 P 与 P' 关于 x 轴对称,于是:

$$\sin(-\alpha) = MP' = -MP = -\sin\alpha,$$

$$\cos(-\alpha) = OM = \cos\alpha,$$

$$\tan(-\alpha) = \frac{\sin(-\alpha)}{\cos(-\alpha)} = \frac{-\sin\alpha}{\cos\alpha} = -\tan\alpha.$$

这样得到了 $-\alpha$ 与 α 的三角函数关系式(公式一):

$$\boxed{\begin{array}{l}\sin(-\alpha) = -\sin\alpha, \\ \cos(-\alpha) = \cos\alpha, \\ \tan(-\alpha) = -\tan\alpha.\end{array}}$$

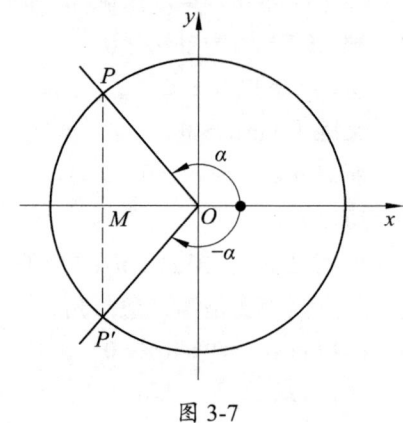

图 3-7

例 1 求下列各三角函数值:

(1) $\sin\left(-\dfrac{\pi}{6}\right)$; (2) $\cos\left(-\dfrac{\pi}{4}\right)$; (3) $\tan\left(-\dfrac{\pi}{3}\right)$. (4) $\cot\left(-\dfrac{\pi}{3}\right)$.

解:(1) $\sin\left(-\dfrac{\pi}{6}\right) = -\sin\dfrac{\pi}{6} = -\dfrac{1}{2}$;

(2) $\cos\left(-\dfrac{\pi}{4}\right) = \cos\dfrac{\pi}{4} = \dfrac{\sqrt{2}}{2}$;

(3) $\tan\left(-\dfrac{\pi}{3}\right) = -\tan\dfrac{\pi}{3} = -\sqrt{3}$;

(4) $\cot\left(-\dfrac{\pi}{3}\right) = -\cot\dfrac{\pi}{3} = -\dfrac{\sqrt{3}}{3}$.

2. $\pi+\alpha$、$\pi-\alpha$ 与 α 的三角函数关系

如图 3-8 所示,设 α 和 $\pi+\alpha$ 的终边分别与单位圆相交于 P 和 P',则 P 与 P' 关于 x 轴对称,于是:

$$\sin(\pi+\alpha) = M'P' = -MP = -\sin\alpha,$$

$$\cos(\pi+\alpha) = OM' = -OM = -\cos\alpha,$$

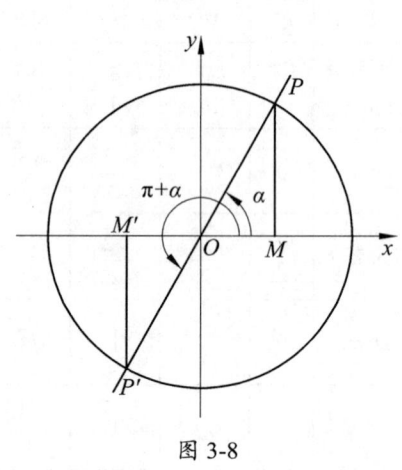

图 3-8

$$\tan(\pi+\alpha)=\frac{\sin(\pi+\alpha)}{\cos(\pi+\alpha)}=\frac{-\sin\alpha}{-\cos\alpha}=\tan\alpha.$$

这样得到了 $\pi+\alpha$ 与 α 的三角函数关系式（公式二）：

$$\begin{aligned}&\sin(\pi+\alpha)=-\sin\alpha,\\&\cos(\pi+\alpha)=-\cos\alpha,\\&\tan(\pi+\alpha)=\tan\alpha.\end{aligned}$$

由公式二和公式一得

$$\sin(\pi-\alpha)=\sin[\pi+(-\alpha)]=-\sin(-\alpha)=\sin\alpha,$$
$$\cos(\pi-\alpha)=\cos[\pi+(-\alpha)]=-\cos(-\alpha)=-\cos\alpha,$$
$$\tan(\pi-\alpha)=\tan[\pi+(-\alpha)]=\tan(-\alpha)=-\tan\alpha.$$

这样得到了 $\pi-\alpha$ 与 α 的三角函数关系式（公式三）：

$$\begin{aligned}&\sin(\pi-\alpha)=\sin\alpha,\\&\cos(\pi-\alpha)=-\cos\alpha,\\&\tan(\pi-\alpha)=-\tan\alpha.\end{aligned}$$

公式一、二、三都称为诱导公式. 它们的共同特点是：

（1）$-\alpha$、$\pi+\alpha$、$\pi-\alpha$ 的三角函数都可以化为 α 的同名三角函数；

（2）公式右端三角函数前的符号与左端的角（把其中的 α 看作锐角时）所在象限的该三角函数值的符号相同.

上述两个特点可以概括为：**函数名不变，符号看象限（即三角函数值等于 α 的同名三角函数值再加上一个把 α 看成锐角时原函数值的符号）**.

二、已知三角函数值求角

已知一个角（角必须属于所涉及的三角函数的定义域），可以求出它的三角函数值. 反之，已知一个三角函数值也可以求出与它对应的角.

已知三角函数值求角的一般法则：

（1）先确定角的象限.

（2）如果函数值是正值，则先求出对应的锐角 α_1；如果函数值是负值，则应先求出与其绝对值对应的锐角 α_1.

（3）如果是第一象限，则所求的角为 $\alpha=\alpha_1$；

　　如果是第二象限，则所求的角为 $\alpha=180°-\alpha_1$；

　　如果是第三象限，则所求的角为 $\alpha=180°+\alpha_1$；

　　如果是第四象限，则所求的角为 $\alpha=360°-\alpha_1$.

例2 已知 $\sin\alpha=0.239$，$\alpha\in[0°,360°]$，求角 α.

解：因为 $\sin\alpha = 0.239 > 0$，

所以 $\alpha \in \mathrm{I}$ 或 $\alpha \in \mathrm{II}$.

先求出所对应的锐角 $\alpha_1 = 13°49'39''$.

当 $\alpha \in \mathrm{I}$ 时，所求的角 $\alpha = \alpha_1 = 13°49'39''$；

当 $\alpha \in \mathrm{II}$ 时，所求的角 $\alpha = 180° - \alpha_1 = 180° - 13°49'39'' = 166°10'21''$.

所以，所求的角 α 为 $13°49'39''$ 或 $166°10'21''$.

例 3 已知 $\cos\alpha = -0.5241$，$\alpha \in [0°, 360°]$，求角 α.

解：因为 $\cos\alpha = -0.5241 < 0$，

所以 $\alpha \in \mathrm{II}$ 或 $\alpha \in \mathrm{III}$.

先求出与其绝对值 $\cos\alpha_1 = |-0.5241| = 0.5241$ 所对应的锐角 $\alpha_1 = 58°23'33''$.

当 $\alpha \in \mathrm{II}$ 时，所求的角 $\alpha = 180° - \alpha_1 = 180° - 58°23'33'' = 121°36'27''$；

当 $\alpha \in \mathrm{III}$ 时，所求的角 $\alpha = 180° + \alpha_1 = 180° + 58°23'33'' = 238°23'33''$.

所以，所求的角 α 为 $121°36'27''$ 或 $238°23'33''$.

例 4 已知 $\sin\alpha = \dfrac{1}{2}$，$\alpha \in [0°, 360°]$，求角 α.

解：因为 $\sin\alpha = \dfrac{1}{2} > 0$，

所以 $\alpha \in \mathrm{I}$ 或 $\alpha \in \mathrm{II}$.

先求出所对应的锐角 $\alpha_1 = 30°$.

当 $\alpha \in \mathrm{I}$ 时，所求的角 $\alpha = \alpha_1 = 30°$；

当 $\alpha \in \mathrm{II}$ 时，所求的角 $\alpha = 180° - \alpha_1 = 180° - 30° = 150°$.

所以，所求的角 α 为 $30°$ 或 $150°$.

课堂练习

1. 已知 $\cos\alpha = 0.754$，$\alpha \in [0°, 360°]$，求角 α.
2. 已知 $\tan\alpha = 0.333$，$\alpha \in [0°, 360°]$，求角 α.
3. 已知 $\sin\alpha = -0.526$，$\alpha \in [0°, 360°]$，求角 α.
4. 已知 $\cos\alpha = \dfrac{\sqrt{2}}{2}$，$\alpha \in [0°, 360°]$，求角 α.
5. 已知 $\tan\alpha = -\sqrt{3}$，$\alpha \in [0°, 360°]$，求角 α.
6. 右转角 α 终边上一点 P 的坐标为 $(4, -3)$，求角 α.

第五节　解直角三角形

锐角三角函数刻画了直角三角形中边角之间的关系，它的直接应用是解直角三角形，而解直角三角形在现实生活中有着广泛的应用.

一、直角三角形中各元素之间的关系

三角形的三条边与三个角叫作三角形的基本元素. 如图 3-9 所示，直角三角形 *ABC* 中各

基本元素有如下关系：

（1）锐角之间的关系：$A+B=90°$.

（2）三边之间的关系：$a^2+b^2=c^2$.

（3）边角之间的关系：

$$\sin A=\frac{a}{c}, \cos A=\frac{b}{c},$$

$$\tan A=\frac{a}{b}, \cot A=\frac{b}{a},$$

$$\sec A=\frac{1}{\cos A}=\frac{c}{b}, \csc A=\frac{1}{\sin A}=\frac{c}{a}.$$

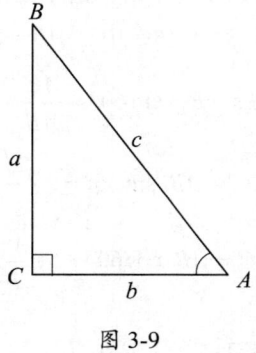

图 3-9

在三角形中，由已知的基本元素，计算未知的基本元素叫作解三角形.

二、直角三角形的解法

在直角三角形除直角以外的五个元素中，知道其中两个元素（至少有一条边）便能解直角三角形. 解直角三角形的问题，按已知条件，可以分成以下几种类型（见表 3-1）：

表 3-1

	已 知 条 件	解 法
两边	一条直角边和斜边，如 a、c	（1）由 $\sin A=\frac{a}{c}$，求 A； （2）$B=90°-A$； （3）$b=\sqrt{c^2-a^2}$
	两直角边，如 a、b	（1）由 $\tan A=\frac{a}{b}$，求 A； （2）$B=90°-A$； （3）$c^2=a^2+b^2$
一边一角	斜边和一个锐角，如 c、A	（1）$B=90°-A$； （2）$a=c\cdot\sin A$； （3）$b=c\cdot\cos A$
	直角边和一个锐角，如 a、A	（1）$B=90°-A$； （2）$b=a\cdot\cot A$； （3）$c=\frac{a}{\sin A}$

例 1 已知 $\triangle ABC$ 为直角三角形，$\angle B=22°37'$，$a=12$，解这个直角三角形.

解：（1）$A=90°-B=90°-22°37'=67°23'$.

（2）$b=a\cdot\tan B=12\cdot\tan 22°37'\approx 4.999$.

（3）$c=\frac{a}{\cos B}=\frac{12}{\cos 22°37'}\approx 13.000$.

例2 如图3-9所示的Rt△ABC中，已知AB = 5，∠B = 60°，求BC、AC的长.

解：在Rt△ABC中，AB = 5，∠B = 60°，

又因为 $\sin B = \sin 60° = \dfrac{AC}{AB}$，

所以 $AC = AB \cdot \sin 60° = 5 \times \dfrac{\sqrt{3}}{2} = \dfrac{5\sqrt{3}}{2}$；

$BC = AB \cdot \cos 60° = 5 \times \dfrac{1}{2} = \dfrac{5}{2}$.

课堂练习

1. 已知在Rt△ABC中，已知 $c = 300$，$\angle A = 36°52'$，解这个直角三角形.
2. 在△ABC中，$C = 90°$.
（1）已知 $A = 60°$，$b = 10\sqrt{3}$，求 a、c；
（2）已知 $c = 2\sqrt{3}$，$b = 3$，求 a、A.
3. 如图3-10所示，已知JD6的桩号为K2+123.024，右转角 α 为 $39°27'03''$，设计圆曲线半径 R 为 120 m，试计算圆曲线的切线长和外距.

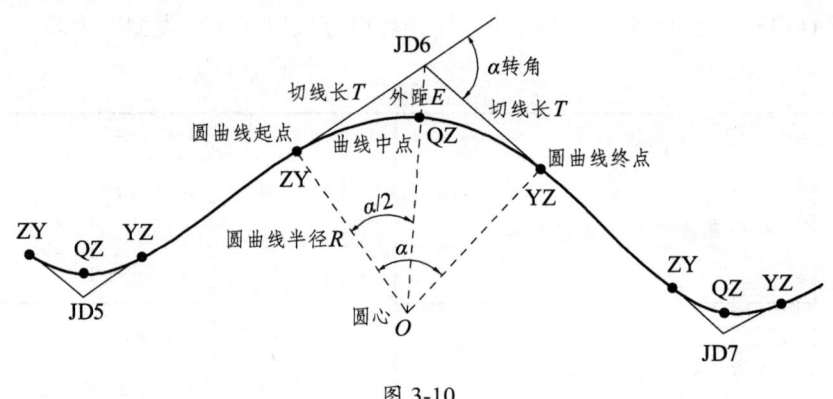

图 3-10

例3 如图3-11所示，已知AB所在的弧长 L 为 600 m，该弧所在圆的半径 OA 为 500 m，求弧AB所对的圆心角 α 的大小和B点的坐标.

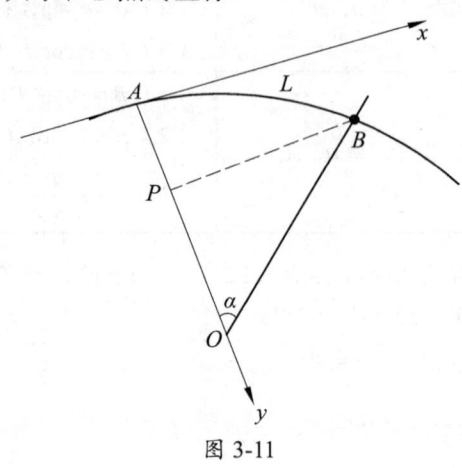

图 3-11

解：建立如图 3-11 所示的直角坐标系，过 B 点作 $BP \perp OA$，交 OA 于点 P.
因为 $L = 600$，$R = 500$，

则 $\alpha = \dfrac{L}{R} = \dfrac{600}{500} = 1.2 \text{ rad} = 1.2 \times 57°17'45'' \approx 68°45'18''$.

在 Rt$\triangle OPB$ 中，
$BP = R \cdot \sin\alpha = 500 \times \sin 68°45'18'' = 500 \times 0.9320 \approx 466.020$.

所以 $x = 466.020$.

$OP = R \cdot \cos\alpha = 500 \times \cos 68°45'18'' \approx 181.178$.

所以 $y = R - OP = 500 - 181.178 = 318.822$.

所以，B 点的坐标为 (466.020，318.822).

第六节 同角三角函数的基本关系式

由三角函数的定义（$\sin\alpha = \dfrac{y}{r}, \cos\alpha = \dfrac{x}{r}, \tan\alpha = \dfrac{y}{x}, \cot\alpha = \dfrac{x}{y}$），可得同角三角函数的基本关系式：

理论证明：（采用定义）

1° 因为 $x^2 + y^2 = r^2$ 且 $\sin\alpha = \dfrac{y}{r}$，$\cos\alpha = \dfrac{x}{r}$，所以 $\sin^2\alpha + \cos^2\alpha = 1$.

2° 当 $\alpha \neq k\pi + \dfrac{\pi}{2}(k \in \mathbf{Z})$ 时，$\dfrac{\sin\alpha}{\cos\alpha} = \dfrac{y}{r} \div \dfrac{x}{r} = \dfrac{y}{r} \times \dfrac{r}{x} = \dfrac{y}{x} = \tan\alpha$.

3° 当 $\alpha \neq k\pi$ 且 $\alpha \neq k\pi + \dfrac{\pi}{2}(k \in \mathbf{Z})$ 时，$\tan\alpha \cdot \cot\alpha = \dfrac{y}{x} \cdot \dfrac{x}{y} = 1$.

即

$$\begin{aligned}
\sin^2\alpha + \cos^2\alpha &= 1; \\
\dfrac{\sin\alpha}{\cos\alpha} &= \tan\alpha; \\
\tan\alpha \cdot \cot\alpha &= 1; \\
\sin\alpha \cdot \csc\alpha &= 1; \\
\cos\alpha \cdot \sec\alpha &= 1.
\end{aligned}$$

亦即，同一角 α 的正弦与余弦的平方和等于 1，商等于角 α 的正切；正切与余切的乘积等于 1；正弦与余割的乘积等于 1；余弦与正割的乘积等于 1. 在第二式中，$\alpha \neq \dfrac{\pi}{2} + k\pi(k \in \mathbf{Z})$，在第三式中，$\alpha \neq k\pi$ 且 $\alpha \neq \dfrac{\pi}{2} + k\pi(k \in \mathbf{Z})$，这时等式两边才有意义.

这五个关系式是三角函数中最基本的关系式. 利用它们，可由一个角的正弦、余弦、正切

中的某一值，求出其他三角函数值，还可进行三角函数式的化简与证明.

例1 设 $\sin\alpha = \dfrac{4}{5}, \alpha \in \mathrm{II}$，求角 α 的其他三角函数值.

解： 由 $\sin^2\alpha + \cos^2\alpha = 1$ 得 $\cos\alpha = \pm\sqrt{1-\sin^2\alpha}$.

因为 $\alpha \in \mathrm{II}$，$\cos\alpha < 0$，

所以 $\cos\alpha = -\sqrt{1-\sin^2\alpha} = -\sqrt{1-\left(\dfrac{4}{5}\right)^2} = -\dfrac{3}{5}$；

$$\tan\alpha = \dfrac{\sin\alpha}{\cos\alpha} = \dfrac{\dfrac{4}{5}}{-\dfrac{3}{5}} = -\dfrac{4}{3};$$

$$\cot\alpha = \dfrac{1}{\tan\alpha} = \dfrac{1}{-\dfrac{4}{3}} = -\dfrac{3}{4};$$

$$\sec\alpha = \dfrac{1}{\cos\alpha} = \dfrac{1}{-\dfrac{3}{5}} = -\dfrac{5}{3};$$

$$\csc\alpha = \dfrac{1}{\sin\alpha} = \dfrac{1}{\dfrac{4}{5}} = \dfrac{5}{4}.$$

例2 已知 $\tan\alpha = \dfrac{4}{3}, \alpha \in \mathrm{III}$，求角 α 的其他三角函数值.

解： 因为 $\tan\alpha = \dfrac{4}{3}$，

所以 $\dfrac{\sin\alpha}{\cos\alpha} = \dfrac{4}{3}$.

所以 $\sin\alpha = \dfrac{4}{3}\cos\alpha$.

又因为 $\sin^2\alpha + \cos^2\alpha = 1$，

所以 $\dfrac{16}{9}\cos^2\alpha + \cos^2\alpha = 1$.

所以 $\dfrac{25}{9}\cos^2\alpha = 1$.

所以 $\cos^2\alpha = \dfrac{9}{25}$.

所以 $\cos\alpha = \pm\dfrac{3}{5}$.

又因为 $\alpha \in \mathrm{III}$.

所以 $\cos\alpha = -\dfrac{3}{5}$.

所以 $\sin\alpha = \dfrac{4}{3} \times \left(-\dfrac{3}{5}\right) = -\dfrac{4}{5}$.

所以 $\cot\alpha = \dfrac{1}{\tan\alpha} = \dfrac{1}{\dfrac{4}{3}} = \dfrac{3}{4}$;

$\sec\alpha = \dfrac{1}{\cos\alpha} = \dfrac{1}{-\dfrac{3}{5}} = -\dfrac{5}{3}$;

$\csc\alpha = \dfrac{1}{\sin\alpha} = \dfrac{1}{-\dfrac{4}{5}} = -\dfrac{5}{4}$.

课堂练习

1. 已知 $\sin\alpha = \dfrac{12}{13}$，$\alpha \in \mathrm{II}$，求 α 的其他三角函数值.

2. 已知 $\cos\alpha = -\dfrac{3}{5}$，$\alpha \in \mathrm{III}$，求 α 的其他三角函数值.

3. 已知 $\tan\alpha = -\dfrac{3}{4}$，$\alpha \in \mathrm{IV}$，求 α 的其他三角函数值.

【知识拓展】

在工程测量圆曲线的主点测设中，如图 3-12 所示，设交点（JD）的转角为 α，圆曲线半径为 R，则曲线的测设元素：切线长 T、曲线长 L、外矩 E、切曲差 D、弦长，可按下列公式计算（证明过程学生课外完成）：

切线长：$T = R\tan\dfrac{\alpha}{2}$.

曲线长：$L = R\alpha$（α 的单位应换算成 rad）.

外矩：$E = \dfrac{R}{\cos\dfrac{\alpha}{2}} - R = R\left(\sec\dfrac{\alpha}{2} - 1\right)$.

切曲差：$D = 2T - L$.

弦　长：$2R\sin\dfrac{\alpha}{2}$.

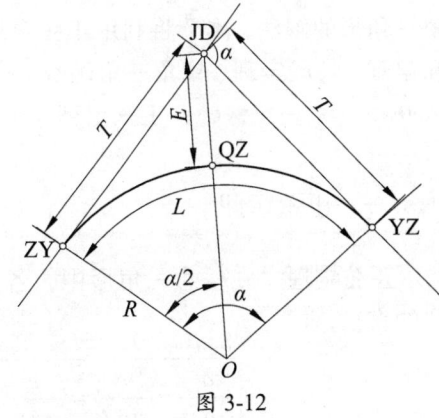

图 3-12

例题 如图 3-12 所示，交点 JD 的转角 α 为 $105°30'30''$，圆曲线半径 R 为 400 m，求曲线的切线长 T、曲线长 L、外矩 E、切曲差 D 以及弦长 AC.

解：因为曲线的转角 $\alpha = 105°30'30''$，

所以，曲线的切线长

$T = R\tan\dfrac{\alpha}{2} = 400 \times \tan\dfrac{105°30'30''}{2} = 400 \times \tan 52°45'15'' \approx 526.106 \text{ m}$.

因为 $\alpha = 105°30'30'' = 105.51° \times 0.01745 \text{ rad} = 1.841 \text{ rad}$,

所以，曲线长 $L = R\alpha = 400 \times 1.841 = 736.4 \text{ m}$；

外矩 $E = \dfrac{R}{\cos\dfrac{\alpha}{2}} - R = R\left(\sec\dfrac{\alpha}{2} - 1\right) = 400 \times \left(\sec\dfrac{105°30'30''}{2} - 1\right)$

$= 400 \times (1.65 - 1) = 400 \times 0.65 = 260 \text{ m}$；

切曲差 $D = 2T - L = 2 \times 526.106 - 736.4 = 315.812 \text{ m}$；

弦长 $AC = 2R\sin\dfrac{\alpha}{2} = 2 \times 400 \times \sin\dfrac{105°30'30''}{2} = 800 \times \sin 52°45'15'' = 636.837$.

课堂练习

证明：在图 3-13 所示的图中，求证：

（1）曲线长 l_i 所对的圆心角：$\varphi_i = \dfrac{l_i}{R}$；

（2）弦切角：$\Delta_i = \dfrac{\varphi_i}{2} = \dfrac{l_i}{2R}$；

（3）P_i 至曲线起点 ZY 的弦长：$C_i = 2R\sin\Delta_i$；

（4）相邻两点之间的弦长：$C_{ij} = 2R\sin\dfrac{l_{ij}}{2R}$.

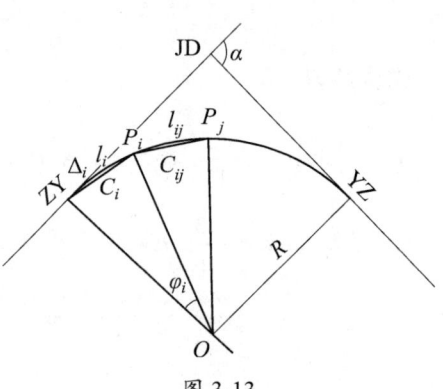

图 3-13

第七节　正弦定理及应用

研究任意角三角函数的目的之一，就是解任意三角形．在第三章第四节中，我们学习了直角三角形的解法，本节将利用正弦定理，学习解斜三角形．在直角三角形中，根据三角形内角和定理、勾股定理、锐角三角函数，可以由已知的边和角求出未知的边和角．那么斜三角形怎么办？——提出课题：正弦定理．

一、正弦定理

正弦定理　在任意三角形中，各边与它所对角的正弦之比相等，并且都等于三角形外接圆的直径，即

$$\dfrac{a}{\sin A} = \dfrac{b}{\sin B} = \dfrac{c}{\sin C} = 2R.$$

下面证明 $\dfrac{c}{\sin C} = 2R$.

如图 3-14 所示，设 $\angle C$ 为锐角，过 A 作直径 AD，则 $AD = 2R$，连结 BD，则 $\angle ABD = 90°$，

在 Rt$\triangle ABD$ 中，$AB = 2R\sin D$.

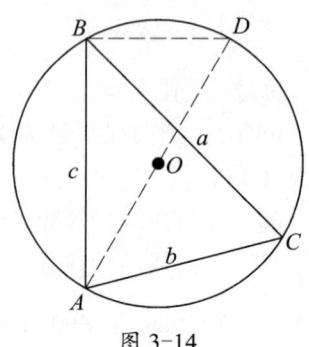

图 3-14

因为 $AB = c$，$\angle D = \angle C$，

所以，$c = 2R\sin C$，

即 $\dfrac{c}{\sin C} = 2R$.

所以 $\dfrac{a}{\sin A} = \dfrac{b}{\sin B} = \dfrac{c}{\sin C} = 2R$（$R$ 为 $\triangle ABC$ 外接圆半径）.

现在强调以下几点：

（1）正弦定理的叙述：在一个三角形中，各边和它所对角的正弦比相等，即：$\dfrac{a}{\sin A} = \dfrac{b}{\sin B} = \dfrac{c}{\sin C}$，它适合于任何三角形.

（2）每个等式可视为一个方程：知三求一.

二、正弦定理的理论应用

从理论上看，正弦定理可解决两类问题：

（1）已知两角和任意一边，求其他两边和一角；

（2）已知两边和其中一边的对角，求另一边的对角，进而可求其他的边和角.

例1 如图 3-15 所示，在 $\triangle ABC$ 中，已知 $a = 5$，$\angle B = 44°36'$，$\angle C = 103°21'$，解该三角形.

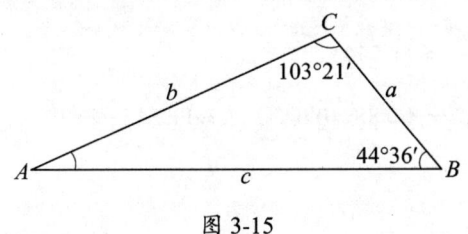

图 3-15

解：因为 $\angle A + \angle B + \angle C = 180°$，

所以 $\angle A = 180° - \angle B - \angle C = 180° - 44°36' - 103°21' = 32°03'00''$.

由正弦定理得 $\dfrac{5}{\sin 32°03'00''} = \dfrac{b}{\sin 44°36'}$，

所以 $b = \dfrac{5\sin 44°36'}{\sin 32°03'00''} \approx 6.616$.

同理得 $\dfrac{5}{\sin 32°03'00''} = \dfrac{c}{\sin 103°21'}$.

所以 $c = \dfrac{5\sin 103°21'}{\sin 32°03'00''} \approx 9.168$.

所以 $\angle A = 32°03'00''$，$b \approx 6.616$，$c \approx 9.168$.

例2 如图 3-16 所示，在 $\triangle ABC$ 中，已知 $b=10$，$\angle B=60°$，$c=6$，解该三角形.

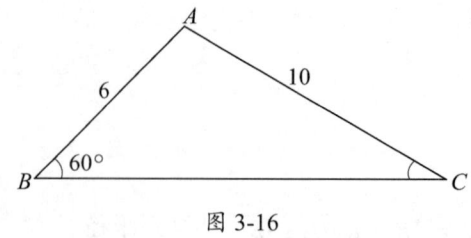

图 3-16

解：由正弦定理得 $\dfrac{10}{\sin 60°} = \dfrac{6}{\sin C}$，

所以 $\sin C = \dfrac{6\sin 60°}{10} \approx 0.520$.

因为 $\sin C = 0.520 > 0$，

所以，$\angle C$ 可以是锐角，也可以是钝角，

所以 $\angle C \approx 31°19'56''$ 或 $\angle C \approx 180° - 31°19'56'' = 148°40'04''$.

因为 $148°40'04'' + 60° = 208°40'04'' > 180°$，

所以 $\angle C = 148°40'04''$ 应舍去，

所以 $\angle C \approx 31°19'56''$.

所以 $\angle A = 180° - 60° - 31°19'56'' = 88°40'04''$.

由正弦定理得 $\dfrac{10}{\sin 60°} = \dfrac{a}{\sin 88°40'04''}$，

所以 $a = \dfrac{10\sin 88°40'04''}{\sin 60°} \approx 11.544$.

所以 $\angle C \approx 31°19'56''$，$\angle A = 88°40'04''$，$a \approx 11.544$.

课堂练习

1. 在 $\triangle ABC$ 中，已知 $c = \sqrt{3}$，$\angle B = 60°32'$，$\angle A = 45°13'$，解该三角形.
2. 在 $\triangle ABC$ 中，已知 $a = 2$，$b = 6$，$\angle B = 135°$，解该三角形.

三、正弦定理的实际应用

正弦定理的应用十分广泛，在解决有关实际问题时，应遵循的一般步骤为：

（1）认真审题，根据题意画出几何图形，在几何图形上标明已知条件和待求元素；

（2）把已知条件和待求元素归结到同一个三角形中，灵活运用所学知识进行计算；

（3）对计算结果进行讨论，根据具体问题的实际意义，作出符合实际意义的答案.

例 3 如图 3-17 所示，要测量底部无法到达的山顶上电视塔的塔顶到地平面的高度 AB，从与山底在同一水平直线上的 C、D 两处，测得塔顶的仰角分别为 $\alpha = 68°12'$，$\beta = 79°48'$，C 与 D 两点间的距离为 64.15 m，已知测量仪的高度为 1.56 m，求 AB.

分析：所求高度 $AB = AA_1 + A_1B = 1.56 + A_1B$，在 $\text{Rt}\triangle A_1BD_1$ 中，$A_1B = BD_1 \cdot \sin\beta$，这样就归结为：在 $\triangle BC_1D_1$ 中，已知 $C_1D_1 = 64.15$ m，$\alpha = 68°12'$，$\angle D_1 = 180° - \beta = 180° - 79°48' = 100°12'$，求 BD_1 的长. 由于已知 $\triangle BC_1D_1$ 的两角和一边，所以可用正弦定理求出 BD_1.

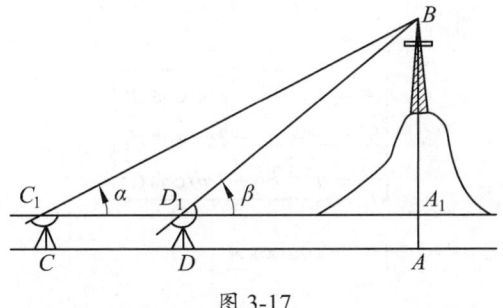

图 3-17

解：在 $\triangle BC_1D_1$ 中，

因为 $\angle D_1 = 180° - \beta = 180° - 79°48' = 100°12'$，

所以 $\angle B = 180° - \alpha - 100°12' = 11°36'$.

由正弦定理得 $\dfrac{BD_1}{\sin \alpha} = \dfrac{C_1D_1}{\sin B}$，

所以 $BD_1 = \dfrac{C_1D_1 \cdot \sin \alpha}{\sin B} = \dfrac{64.15 \times \sin 68°12'}{\sin 11°36'} \approx 296.215 \text{ m}$.

在 $\text{Rt}\triangle A_1BD_1$ 中，

因为 $A_1B = BD_1 \cdot \sin \beta \approx 296.215 \times \sin 79°48' \approx 291.534 \text{ m}$，

所以，所求高度 $AB = AA_1 + A_1B \approx 1.56 + 291.534 = 293.094 \text{ m}$.

课堂练习

如图 3-18 所示，有建筑物 DC，底部不可直接到达，在地面 A 处，测得其顶点 C 的仰角为 $\alpha = 53°26'$，由 A 向建筑物走进 50 m，到 B 处，测得 C 的仰角为 $\beta = 63°21'$，求此建筑物的高.

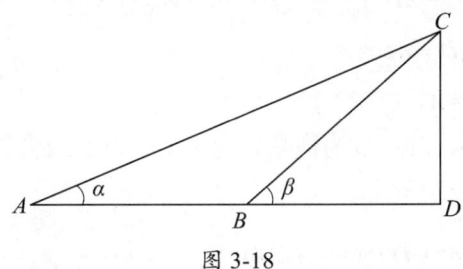

图 3-18

第八节　余弦定理及应用

在第七节，我们学习了正弦定理的内容及正弦定理的应用，已知两角和任意一边或已知两边和其中一边对角都可以利用正弦定理来解三角形．那么如果是已知两边及其夹角或已知三边的情况下，该怎么解三角形呢？——提出课题：余弦定理．

一、余弦定理

余弦定理　在任意三角形中，任何一边的平方等于其他两边的平方和，减去这两边与它

们夹角的余弦乘积的 2 倍, 即

$$a^2 = b^2 + c^2 - 2bc\cos A;$$
$$b^2 = c^2 + a^2 - 2ca\cos B;$$
$$c^2 = a^2 + b^2 - 2ab\cos C;$$

下面分三种情形来证明 $a^2 = b^2 + c^2 - 2bc\cos A$.

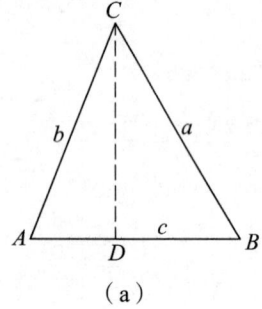
（a）

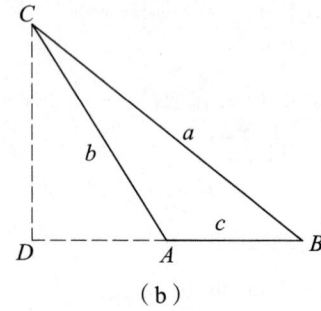
（b）

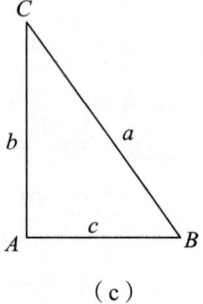
（c）

图 3-19

（1）如图 3-19（a）所示, 设 $\angle A$ 为锐角, 过 C 作 $CD \perp AB$.

在 $Rt\triangle BCD$ 中, $a^2 = CD^2 + BD^2$;

在 $Rt\triangle ADC$ 中, $CD^2 = b^2 - AD^2$.

因为 $BD = c - AD$,

所以 $BD^2 = (c - AD)^2 = c^2 - 2c \cdot AD + AD^2$.

所以 $a^2 = CD^2 + BD^2 = (b^2 - AD^2) + (c^2 - 2c \cdot AD + AD^2) = b^2 + c^2 - 2c \cdot AD$.

因为在 $Rt\triangle ADC$ 中, $AD = b\cos A$,

所以 $a^2 = b^2 + c^2 - 2bc\cos A$.

（2）如图 3-19（b）所示, 设 $\angle A$ 为钝角, 过 C 作 $CD \perp AB$, 交 BA 的延长线于 D.

在 $Rt\triangle CDB$ 中,

$$a^2 = CD^2 + BD^2 = (b^2 - DA^2) + (c + DA)^2$$
$$= b^2 - DA^2 + c^2 + 2c \cdot DA + DA^2 = b^2 + c^2 + 2c \cdot DA.$$

因为, 在 $Rt\triangle CDA$ 中,

$$DA = b\cos\angle DAC = b\cos(180° - A) = -b\cos A,$$

所以 $a^2 = b^2 + c^2 - 2bc\cos A$.

（3）如图 3-19（c）所示, 设 $\angle A$ 为直角.

由于 $\angle A = 90°$,

所以 $\cos A = \cos 90° = 0$.

所以 $a^2 = b^2 + c^2 - 2bc\cos A$.

同理可证：$b^2 = c^2 + a^2 - 2ca\cos B$；
$$c^2 = a^2 + b^2 - 2ab\cos C.$$

二、余弦定理的理论应用

从理论上讲，余弦定理可解决下列两类问题：

（1）已知两边及其夹角，求其他元素；

（2）已知三边，求其他元素.

现在强调以下几点：

（1）熟悉定理的结构，注意"平方""夹角""余弦"等.

（2）知三求一.

（3）当夹角为 90°时，即三角形为直角三角形时即为勾股定理（特例）.

（4）变形公式，即已知三边求角：

$$\cos A = \frac{b^2 + c^2 - a^2}{2bc};$$

$$\cos B = \frac{a^2 + c^2 - b^2}{2ac};$$

$$\cos C = \frac{a^2 + b^2 - c^2}{2ab}.$$

例 1 如图 3-20 所示，在 $\triangle ABC$ 中，已知 $\angle A = 41°$，$b = 60$，$c = 34$，解该三角形.

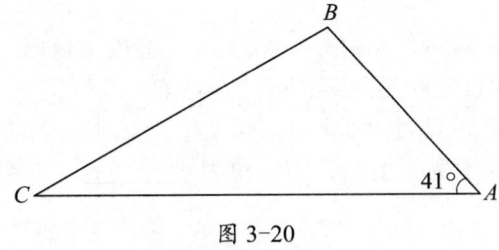

图 3-20

解：（1）由余弦定理得

$a^2 = b^2 + c^2 - 2bc\cos A = 60^2 + 34^2 - 2 \times 60 \times 34 \times \cos 41°$
$\approx 3600 + 1156 - 4080 \times 0.755 \approx 1675.6$，

所以 $a \approx 40.934$.

（2）已知 $a \approx 40.934$，$b = 60$，$c = 34$，由余弦定理的变形公式得

$$\cos C = \frac{a^2 + b^2 - c^2}{2ab} = \frac{40.934^2 + 60^2 - 34^2}{2 \times 60 \times 40.934} \approx 0.839.$$

所以 $\angle C \approx 32°57'55''$.

因为 $\angle A + \angle B + \angle C = 180°$，

所以 $\angle B = 180° - \angle A - \angle C \approx 180° - 41° - 32°57'55'' = 106°02'05''$.

所以 $a \approx 40.934$，$\angle C \approx 32°57'55''$，$\angle B = 106°02'05''$.

例 2 如图 3-21 所示，在 $\triangle ABC$ 中，已知 $a = 5$，$b = 7$，$c = 4$，求 $\angle A$、$\angle B$、$\angle C$.

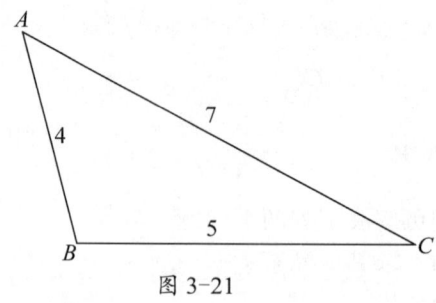

图 3-21

解：（1）因为 $a^2 = b^2 + c^2 - 2bc\cos A$，

所以 $\cos A = \dfrac{b^2+c^2-a^2}{2bc} = \dfrac{7^2+4^2-5^2}{2\times 7\times 4} \approx 0.714$.

所以 $\angle A \approx 44°26'19''$.

（2）因为 $b^2 = a^2 + c^2 - 2ac\cos B$，

所以 $\cos B = \dfrac{a^2+c^2-b^2}{2ac} = \dfrac{5^2+4^2-7^2}{2\times 5\times 4} \approx -0.200$.

所以 $\angle B \approx 101°32'13''$.

（3）因为 $\angle A + \angle B + \angle C = 180°$，

所以 $\angle C = 180° - \angle A - \angle B \approx 180° - 44°26'19'' - 101°32'13'' = 34°01'28''$.

所以 $\angle A \approx 44°26'19''$，$\angle B \approx 101°32'13''$，$\angle C = 34°01'28''$.

课堂练习

1. 在 $\triangle ABC$ 中，已知 $a = \sqrt{6}$，$b = 2$，$c = \sqrt{3}-1$，解该三角形.

2. 欲测互不通视 AB 两点之间的距离，可选择点 O，既可见 A，又可见 B，测得 OA 的水平距离为 300 m，OB 的水平距离为 400 m，$\angle AOB = 75°$，求 AB 的水平距离.

3. 如果求出某角的余弦值为正值时，则该角为_____；如果求出某角的余弦值为负值时，则该角为_____.

三、余弦定理的实际应用

例3 如图 3-22 所示，在山下 A 处用激光测距仪测出两座山峰 B、C 的距离分别是 2500 m 和 2350 m，从 A 处观察这两个目标的视角是 125°，B、C 两山峰相距多远？

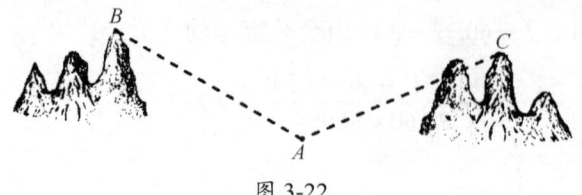

图 3-22

分析： 如图 3-22 所示，连接 BC，由于已知 $\angle A$ 和另外两边的长，则求 B、C 两山峰相距多远，可归结为在 $\triangle ABC$ 中利用余弦定理求 BC 边的长.

解： 连接 BC，在 $\triangle ABC$ 中，

因为 $AB = 2500$ m，$AC = 2350$ m，$\angle A = 125°$，
由余弦定理得

$$\begin{aligned}BC^2 &= AB^2 + AC^2 - 2 \cdot AB \cdot AC \cos 125° \\ &= 2500^2 + 2350^2 - 2 \times 2500 \times 2350 \times \cos 125° \\ &= 18512023.13,\end{aligned}$$

所以 $BC \approx 4302.560$ m，
即 B、C 两山峰相距 4302.560 m.

课堂练习

利用所学知识，结合实际情况，使用简单的测量工具（如皮尺、经纬仪等），如何精确地测出教学楼前与教学楼后两棵树之间的距离？

【知识拓展】 基本坐标点的计算方法

根据零件图样，按照已确定的加工路线和允许的编程误差计算数控系统所需输入的数据，称为数控加工的数值计算. 手工编程时，在完成工艺分析和确定加工路线后，数值计算就成为程序编制中的一个关键性环节.

当编制一个 CNC 程序时，被加工零件轮廓上的对应点必须编入程序，在大多数情况下，可以在给出尺寸的零件图中直接获取这些点的坐标值，但有时这些点的坐标值必须进行计算才能获得. 有时数值计算十分烦琐与复杂，因此，为了提高加工效率，降低出错率，在实际加工过程中，一般采用计算机辅助完成坐标数据的计算或直接采用自动编程. 但在考试或比赛等过程中，有时不允许采用 CAD/CAM 软件，为了顺利通过考试或取得比赛的好名次，掌握一定的数值计算方法是很有必要的. 数控编程中的基点计算一般可采用解三角形求基点坐标法和联立方程组求基点坐标法等进行.

解三角形求基点坐标：

运用解三角形的方法计算坐标值，需要掌握三角形角度的计算方法，如勾股定理、三角形内角和公式、三角函数公式、正弦定理、余弦定理及相似三角形等.

（1）直角三角形.

在直角三角形 $Rt\triangle ABC$ 中，如图 3-23 所示，如果已知其中两条边的长度就可以利用勾股定理很方便地计算出第三条边的长度及各角的大小，或已知其中一条边与一个角（非直角），也可以很方便地计算出其他的两条边和另一个角的大小.

常用的计算公式如下：

勾股定理：$a^2 + b^2 = c^2$.

角度关系：$\angle A + \angle B = \angle C = 90°$.

正弦函数关系：$\sin A = \dfrac{a}{c}$；$\sin B = \dfrac{b}{c}$.

余弦函数关系：$\cos B = \dfrac{a}{c}$；$\cos A = \dfrac{b}{c}$.

正切函数关系：$\tan A = \dfrac{a}{b}$；$\tan B = \dfrac{b}{a}$.

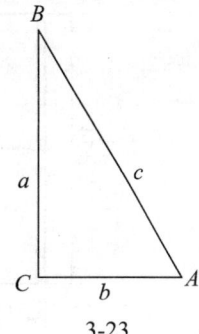

3-23

（2）相似三角形.

若三角形 △ABC ~ △DEF，如图 3-24 所示，则它们对应的角都相等，对应的边成比例关系. 即：

$$\angle A = \angle D,\ \angle B = \angle E,\ \angle C = \angle F,\ \frac{AB}{DE} = \frac{BC}{EF} = \frac{AC}{DF}.$$

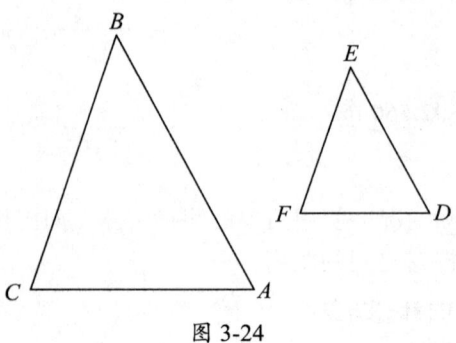

图 3-24

若已知其中一个三角形的两条边和另一个三角形对应的一条边，则可以求出对应的另一条边的值.

（3）正弦定理、余弦定理.

对于任意非直角三角形，如图 3-25 所示，若已知其中的两个角和一条边的大小，或已知其中的一个角和两个边的大小，可以利用正弦定理或余弦定理来求其他的角的大小和边的大小.

正弦定理：$\dfrac{a}{\sin A} = \dfrac{b}{\sin B} = \dfrac{c}{\sin C}$.

余弦定理：$\cos A = \dfrac{b^2 + c^2 - a^2}{2bc}$；

$\cos B = \dfrac{a^2 + c^2 - b^2}{2ac}$；

$\cos C = \dfrac{a^2 + b^2 - c^2}{2ab}$.

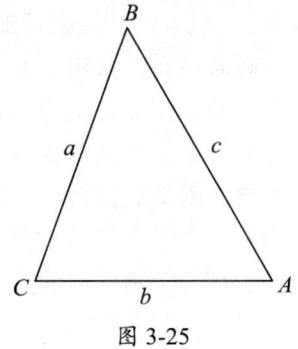

图 3-25

例题 1：如图 3-26（a）所示，试求 A 点的坐标值.

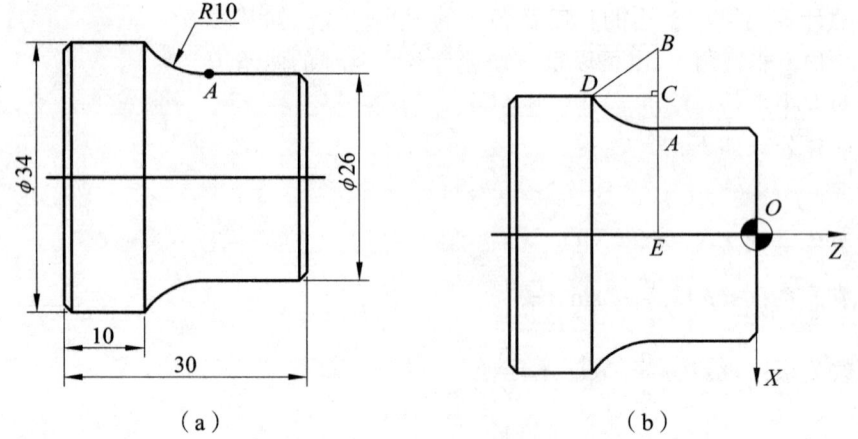

(a) (b)

图 3-26 数值计算例 1

解：如图 3-26（b）所示，作辅助线 BE、BD、CD，由已知条件可知：
因为 $AE=13$（$\phi 26$ 的半径），$AB=BD=R10=10$，$CE=17$（$\phi 34$ 的半径），
所以 $BC=AE+AB-CE=13+10-17=6$。

又因为在直角三角形 $Rt\triangle BCD$ 中，$CD=\sqrt{BD^2-BC^2}=\sqrt{10^2-6^2}=8$，
所以 A 点 Z 坐标值：$Z_A=-(30-10-CD)=-(30-10-8)=-12$，
即 A 点坐标值为 $(X26, Z-12)$。

例题 2：如图 3-27（a）所示，试求 A、B 点的坐标值。

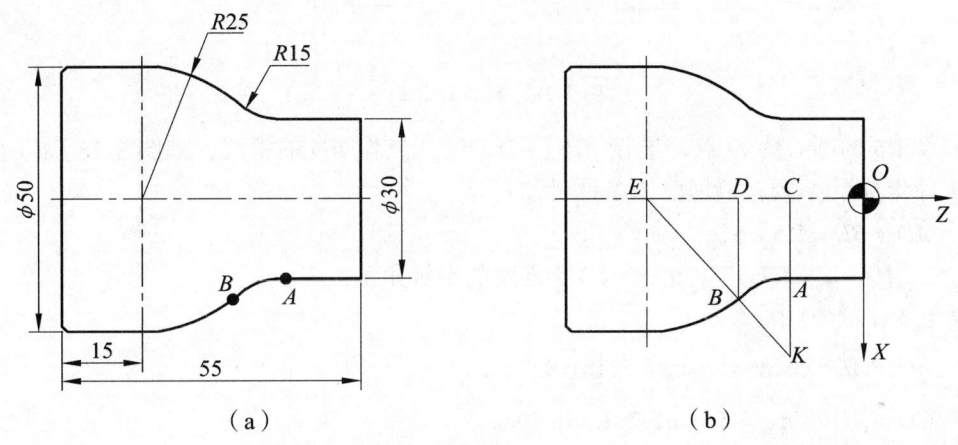

图 3-27　数值计算例 2

解：如图 3-27（b）所示，设 R25 的圆心为 E，R15 的圆心为 K，连接 KE，并作辅助线 KC、BD，由已知条件可知：

$BE=R25=25$，$KB=KA=R15=15$（$\phi 30$ 的半径）。
$KC=KA+AC=15+15=30$，$KE=KB+BE=15+25=40$。

所以 $EC=\sqrt{KE^2-KC^2}=\sqrt{40^2-30^2}=26.46$。

所以 A 点 Z 坐标值：$Z_A=-(55-15-EC)=-(55-15-26.46)=-13.54$。

又因为直角三角形 $Rt\triangle KCE \sim \triangle BDE$，

所以 $\dfrac{KC}{BD}=\dfrac{KE}{BE}$，

即：$BD=\dfrac{KC\times BE}{KE}=\dfrac{30\times 25}{40}=18.75$。

所以 B 点 X 坐标值：$X_B=2\times BD=2\times 18.75=37.5$。

所以直角三角形 $Rt\triangle BDE$ 中，$DE=\sqrt{BE^2-BD^2}=\sqrt{25^2-18.75^2}=16.54$。
所以 B 点 Z 坐标值：$Z_B=-(55-15-DE)=-(55-15-16.54)=-23.46$。
即：A 点坐标值为 $(X30, Z-13.54)$。
B 点坐标值为 $(X37.5, Z-23.46)$。

例题 3：如图 3-28（a）所示，求 A、B 点的坐标值。

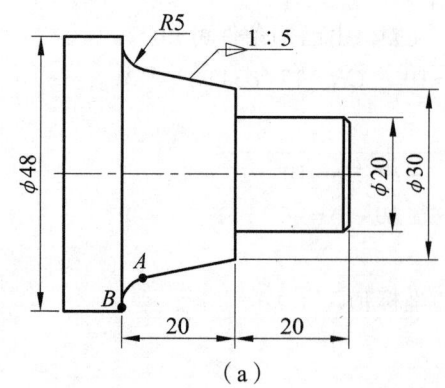
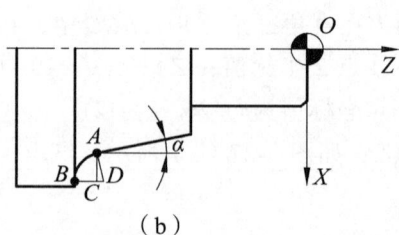

(a)　　　　　　　　　　　　(b)

图 3-28　数值计算例 3

解：设 R5 的圆心为 D 点，连接 AD、BD，过 A 点作 BD 的垂线，如图 3-28（b）所示，并建立工件坐标系 XOZ，根据已知条件可知：

$AD = BD = \text{R5} = 5$，

$\angle CAD = \alpha = 5.711°$（$\alpha$——1∶5 锥度的半锥角）.

因为在 Rt$\triangle ACD$ 中，

$AC = AD \times \cos\alpha = 5 \times \cos 5.711° = 4.975$，

$CD = AD \times \sin\alpha = 5 \times \sin 5.711° = 0.498$.

所以锥度的长度 H 为：$H = 20 - BC = 20 - (BD - CD) = 20 - (5 - 0.498) = 15.498$.

所以 A 点的 Z 坐标值为：$Z_A = -(20 + H) = -(20 + 15.498) = -35.498$.

同理，根据 1∶5 锥度可求出 A 点的直径：（设 A 点的直径为 X_A）

则 $\dfrac{X_A - \phi 30}{H} = \dfrac{1}{5} \Rightarrow X_A = \phi 30 + \dfrac{H}{5} = 30 + \dfrac{15.498}{5} = 33.1$.

设 B 点 X 坐标值为 X_B，

则 $X_B = X_A + 2 \times AC = 33.1 + 2 \times 4.975 = 43.05$.

即 A 点坐标值为：($X_A = 33.1$，$Z_A = -35.498$).

B 点坐标值为：($X_B = 43.05$，$Z_B = -40$).

第九节　三角函数的图像和性质

一、正弦函数 $y = \sin x$

1. 正弦函数 $y = \sin x$ 的图像

正弦函数 $y = \sin x$ 在 **R** 上的图像称为**正弦曲线**，即**正弦函数的图像**.

当 $x \in [0, 2\pi]$ 时，在 $y = \sin x$ 的图像中，起决定作用的有五个点：起点$(0, 0)$、最高点 $\left(\dfrac{\pi}{2}, 1\right)$、中点$(\pi, 0)$、最低点 $\left(\dfrac{3\pi}{2}, -1\right)$、末点$(2\pi, 0)$. 因此，在精度要求不高时，可以先描出这五个

关键点，再用平滑曲线按正弦规律依次连结它们，就得到相应区间上的图像．这种作图方法称为**五点法**．

例 1 根据五点法画出 $y=\sin x$ 在 $[0, 2\pi]$ 上的图像．

解：列表 3-2 求值：

表 3-2

x	0	$\dfrac{\pi}{2}$	π	$\dfrac{3\pi}{2}$	2π
$\sin x$	0	1	0	-1	0

根据表 3-2 中求得的数值，描点连线，可得到 $y=\sin x$ 在 $[0, 2\pi]$ 上的图像，如图 3-29 所示：

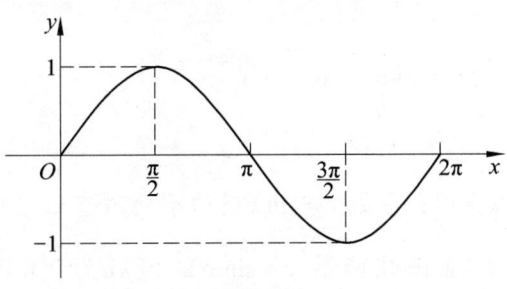

图 3-29

根据图 3-29，可以看出这只是 $y=\sin x$ 在 $[0, 2\pi]$ 上的图像．由于终边相同的角落在同一象限，那么它们的三角函数值也是相等的，所以 $y=\sin x$ 在 $\cdots$，$[-4\pi, -2\pi]$，$[-2\pi, 0]$，$[2\pi, 4\pi]$，$[4\pi, 6\pi]$，$\cdots$ 上的图像，与它在 $[0, 2\pi]$ 上的图像的形状完全一样，只是位置不同．于是，把 $y=\sin x$ 在 $[0, 2\pi]$ 上的图像分别向左、右逐次平移 2π 个单位，就得到 $y=\sin x$ 在 **R** 上的图像，如图 3-30 所示．

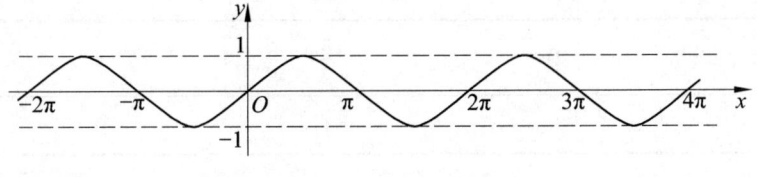

图 3-30

例 2 用五点法画出 $y=3\sin x$ 在 $[0, 2\pi]$ 上的图像．

解：列表 3-3 求值：

表 3-3

x	0	$\dfrac{\pi}{2}$	π	$\dfrac{3\pi}{2}$	2π
$\sin x$	0	1	0	-1	0
$3\sin x$	0	3	0	-3	0

描点连线，得到 $y=3\sin x$ 在 $[0, 2\pi]$ 上的图像，如图 3-31 所示．

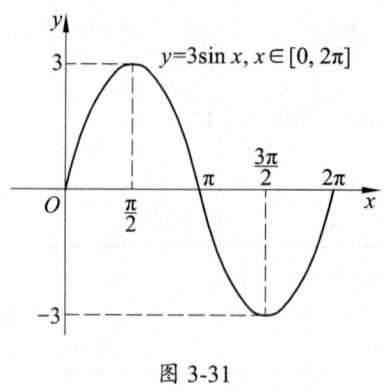

图 3-31

2. 正弦函数 $y=\sin x$ 的性质

（1）定义域.

函数 $y=\sin x$ 的定义域为 $(-\infty,+\infty)=\mathbf{R}$.

（2）值域.

由正弦函数的图像可以看出：函数 $y=\sin x$ 的值不会超过 ± 1，也就是说，$|\sin x|\leqslant 1$（有界性），即 $-1\leqslant \sin x\leqslant 1$. 所以说正弦函数 $y=\sin x$ 的值域为 $[-1,1]$. 并且函数 $y=\sin x$ 在 $x=\dfrac{\pi}{2}+2k\pi$（$k\in \mathbf{Z}$）时取得最大值 $y_{\max}=1$；在 $x=-\dfrac{\pi}{2}+2k\pi$（$k\in \mathbf{Z}$）时取得最小值 $y_{\min}=-1$.

（3）单调性.

由正弦曲线可以看出：当 x 从 $-\dfrac{\pi}{2}$ 增加到 $\dfrac{\pi}{2}$ 时，$\sin x$ 从 -1 增大到 1；当 x 从 $\dfrac{\pi}{2}$ 增加到 $\dfrac{3\pi}{2}$ 时，$\sin x$ 从 1 减小到 -1. 这种变化情况如表 3-4 所示.

表 3-4

x	$-\dfrac{\pi}{2}$		0		$\dfrac{\pi}{2}$		π		$\dfrac{3\pi}{2}$
$\sin x$	-1	↗	0	↗	1	↘	0	↘	-1

由正弦函数的周期性可知：正弦函数在每一个闭区间 $\left[-\dfrac{\pi}{2}+2k\pi,\dfrac{\pi}{2}+2k\pi\right]$（$k\in \mathbf{Z}$）上都是增函数，其值从 -1 增大到 1；在每一个闭区间 $\left[\dfrac{\pi}{2}+2k\pi,\dfrac{3\pi}{2}+2k\pi\right]$（$k\in \mathbf{Z}$）上都是减函数，其值从 1 减小到 -1.

二、余弦函数 $y=\cos x$

1. 余弦函数 $y=\cos x$ 的图像

余弦函数 $y=\cos x$ 在 $\mathbf{R}$ 上的图像称为**余弦曲线**.

在精度要求不高时，同样可以用五点法描出余弦函数 $y=\cos x$ 在 $[0,2\pi]$ 上的图像. 在

$y=\cos x$ 的图像中，起决定作用的五个点为：$(0,1)$、$\left(\dfrac{\pi}{2},0\right)$、$(\pi,-1)$、$\left(\dfrac{3\pi}{2},0\right)$、$(2\pi,1)$. 所以描出五个关键点后，再用平滑曲线按余弦规律依次连结它们，就得到相应区间上的图像. 把该区间上余弦函数的图像分别向左、右逐次平移 2π 个单位，就得到 $y=\cos x$ 在 $\mathbf{R}$ 上的图像，如图 3-32 所示.

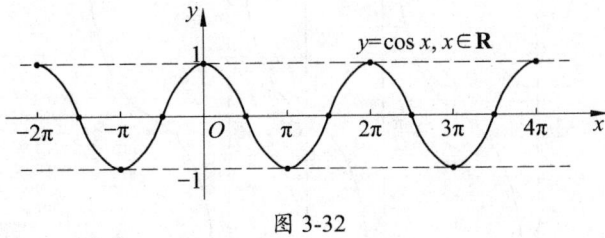

图 3-32

2. 余弦函数 $y=\cos x$ 的性质

（1）定义域.

函数 $y=\cos x$ 的定义域为 $(-\infty,+\infty)=\mathbf{R}$.

（2）值域.

余弦函数 $y=\cos x$ 的值域为 $[-1,1]$. 并且函数 $y=\cos x$ 在 $x=2k\pi$（$k\in\mathbf{Z}$）时取得最大值 $y_{\max}=1$；在 $x=(2k+1)\pi$（$k\in\mathbf{Z}$）时取得最小值 $y_{\min}=-1$.

（3）单调性.

余弦函数在每一个闭区间 $[(2k-1)\pi,2k\pi]$（$k\in\mathbf{Z}$）上都是增函数，其值从 -1 增大到 1；在每一个闭区间 $[2k\pi,(2k+1)\pi]$（$k\in\mathbf{Z}$）上都是减函数，其值从 1 减小到 -1.

三、正切函数 $y=\tan x$

1. 正切函数 $y=\tan x$ 的图像

首先注意到，正切函数 $y=\tan x$ 的定义域为 $\left\{x\neq\dfrac{\pi}{2}+k\pi,k\in\mathbf{Z}\right\}$. 因此，用描点法作出 $y=\tan x$ 在 $\left(-\dfrac{\pi}{2},\dfrac{\pi}{2}\right)$ 内的图像，如图 3-33 所示.

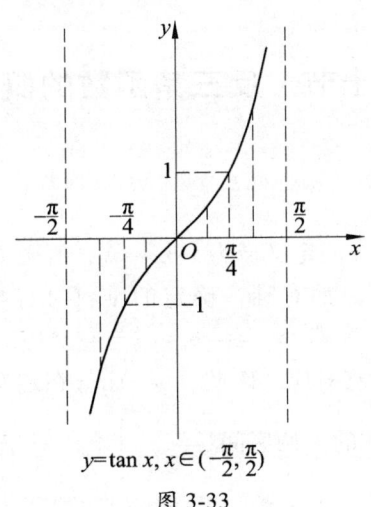

$y=\tan x, x\in\left(-\dfrac{\pi}{2},\dfrac{\pi}{2}\right)$

图 3-33

根据正切函数的周期性，把上述图像向左、右扩展可得到正切函数 $y = \tan x$，$x \in \mathbf{R}$，且 $x \neq \dfrac{\pi}{2} + k\pi (k \in \mathbf{Z})$ 的图像，如图 3-34 所示.

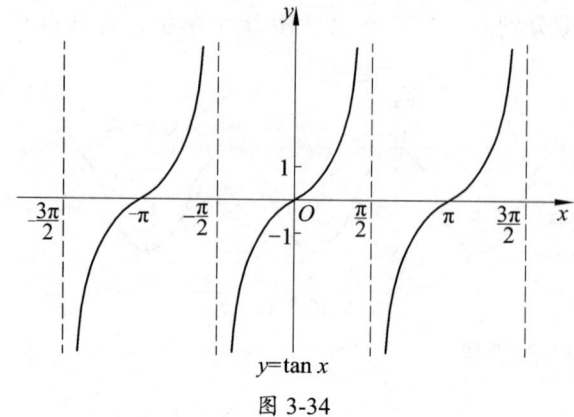

图 3-34

正切函数 $y = \tan x$ 在其定义域 $\left\{ x \neq \dfrac{\pi}{2} + k\pi, k \in \mathbf{Z} \right\}$ 内的图像称为**正切曲线**.

2. 正切函数 $y = \tan x$ 的性质

（1）**定义域**.

正切函数 $y = \tan x$ 的定义域为 $\left\{ x \mid x \neq \dfrac{\pi}{2} + k\pi, k \in \mathbf{Z} \right\}$.

（2）**值域**.

正切函数 $y = \tan x$ 的值域为 $(-\infty, +\infty)$，没有最大值和最小值.

（3）**单调性**.

函数 $y = \tan x$ 在每一个开区间 $\left(-\dfrac{\pi}{2} + k\pi, \dfrac{\pi}{2} + k\pi \right)(k \in \mathbf{Z})$ 内都是增函数.

（4）**奇偶性**.

$y = \tan x$ 为奇函数，$y = \tan(-x) = -\tan x$.

第十节　反三角函数的概念

一、反正弦函数的概念

我们知道，正弦函数 $y = \sin x$ 的定义域为 $(-\infty, +\infty)$，值域为 $[-1,1]$. 由正弦曲线可以看出，对于 $x \in (-\infty, +\infty)$ 内的每一个值，都有唯一确定的 $y \in [-1,1]$ 与它对应，但是反过来，对于 $y \in [-1,1]$ 上的每一个值，却有无穷多个 $x \in (-\infty, +\infty)$ 与它对应. 由此可知，对于 $y \in [-1,1]$ 上的每一个值，没有唯一确定的 x 与它对应. 因此，$y = \sin x$ 在定义域 $(-\infty, +\infty)$ 内没有反函数. 由正弦曲线可以看出，在正弦函数的单调区间 $\left[-\dfrac{\pi}{2}, \dfrac{\pi}{2} \right]$ 上，对于 $x \in \left[-\dfrac{\pi}{2}, \dfrac{\pi}{2} \right]$ 的每一个值，都有唯一确定的 $y \in [-1,1]$ 与它对应；反过来，对于 $y \in [-1,1]$ 上的每一个值，也有唯一确定的

$x \in \left[-\dfrac{\pi}{2}, \dfrac{\pi}{2}\right]$ 与它对应. 因此, $y = \sin x$ 在单调区间 $\left[-\dfrac{\pi}{2}, \dfrac{\pi}{2}\right]$ 上有反函数. 即可以得出反正弦函数的概念.

定义 1 函数 $y = \sin x$, $x \in \left[-\dfrac{\pi}{2}, \dfrac{\pi}{2}\right]$ 的反函数, 称为**反正弦函数**(简称**反正弦**), 记作 $y = \arcsin x \, (-1 \leqslant x \leqslant 1)$.

表示方法: $y = \arcsin x \, (-1 \leqslant x \leqslant 1)$.

定义域: $x \in [-1, 1]$.

值域: $y \in \left[-\dfrac{\pi}{2}, \dfrac{\pi}{2}\right]$.

应注意的问题: 对于 $[-1, 1]$ 上的每一个值 x, $\arcsin x$ 表示 $\left[-\dfrac{\pi}{2}, \dfrac{\pi}{2}\right]$ 上唯一确定的一个角, 这个角的正弦值恰好等于已知的 x. 对于符号 $\arcsin x$, 我们要理解并记忆以下三点:

(1) $\arcsin x$ 表示一个角.

(2) 这个角的正弦值就等于 x, 即

$$\boxed{\sin(\arcsin x) = x, \; x \in [-1, 1].}$$

(3) 这个角一定在 $-90° \sim 90°$, 即

$$-\dfrac{\pi}{2} \leqslant \arcsin x \leqslant \dfrac{\pi}{2}, \; x \in [-1, 1].$$

例 1 用反正弦表示下列各角:

(1) $\dfrac{\pi}{4}$; (2) $-\dfrac{\pi}{6}$; (3) 0; (4) $\dfrac{4\pi}{3}$.

解: (1) 因为 $\sin \dfrac{\pi}{4} = \dfrac{\sqrt{2}}{2}$, 且 $\dfrac{\pi}{4} \in \left[-\dfrac{\pi}{2}, \dfrac{\pi}{2}\right]$,

所以 $\dfrac{\pi}{4} = \arcsin \dfrac{\sqrt{2}}{2}$.

(2) 因为 $\sin\left(-\dfrac{\pi}{6}\right) = -\sin \dfrac{\pi}{6} = -\dfrac{1}{2}$, 且 $-\dfrac{\pi}{6} \in \left[-\dfrac{\pi}{2}, \dfrac{\pi}{2}\right]$,

所以 $-\dfrac{\pi}{6} = \arcsin\left(-\dfrac{1}{2}\right)$.

(3) 因为 $\sin 0 = 0$, 且 $0 \in \left[-\dfrac{\pi}{2}, \dfrac{\pi}{2}\right]$,

所以 $0 = \arcsin 0$.

(4) 因为 $\dfrac{4\pi}{3} \notin \left[-\dfrac{\pi}{2}, \dfrac{\pi}{2}\right]$, 但 $\dfrac{4\pi}{3} = \pi + \dfrac{\pi}{3}$, 而 $\dfrac{\pi}{3} \in \left[-\dfrac{\pi}{2}, \dfrac{\pi}{2}\right]$, 且 $\sin \dfrac{\pi}{3} = \dfrac{\sqrt{3}}{2}$,

所以 $\dfrac{4\pi}{3} = \pi + \dfrac{\pi}{3} = \pi + \arcsin \dfrac{\sqrt{3}}{2}$.

例 2 求下列各反正弦值.

（1） $\arcsin 0.457$；　　（2） $\arcsin(-0.457)$；　　（3） $\sin(\arcsin 0.229)$.

解：（1） $\arcsin 0.457 \approx 27°11'37''$；

（2） $\arcsin(-0.457) \approx -27°11'37''$；

（3） $\sin(\arcsin 0.229) = 0.229$.

课堂练习

求下列各反正弦值.

（1） $\arcsin 0.854$；　　（2） $\arcsin(-0.854)$；

（3） $\sin(\arcsin 0.415)$；　　（4） $\sin[\arcsin(-0.613)]$.

二、反余弦函数的概念

类似于反正弦函数，我们在 $y = \cos x$ 的单调区间 $[0,\pi]$ 上定义反余弦函数.

定义 2 函数 $y = \cos x$，$x \in [0,\pi]$ 的反函数，称为**反余弦函数**（简称**反余弦**），记作 $y = \arccos x$ $(-1 \leqslant x \leqslant 1)$.

表示方法：$y = \arccos x$ $(-1 \leqslant x \leqslant 1)$.

定义域：$x \in [-1,1]$.

值域：$y \in [0,\pi]$.

应注意的问题：函数 $y = \arccos x$ 的定义域为 $[-1,1]$，值域为 $[0,\pi]$. 这样，对于 $[-1,1]$ 上的每一个值 x，$\arccos x$ 表示 $[0,\pi]$ 上唯一确定的一个角，这个角的余弦值恰好等于已知的 x. 对于符号 $\arccos x$，我们要理解并记忆以下三点：

（1） $\arccos x$ 表示一个角.

（2）这个角的余弦值就等于 x，即

$$\boxed{\cos(\arccos x) = x, x \in [-1,1].}$$

（3）这个角一定在 $0° \sim 180°$，即

$$0 \leqslant \arccos x \leqslant \pi, x \in [-1,1].$$

例 3 求下列各反余弦的值：

（1） $\arccos 0.159$；　　（2） $\arccos 0.785$；

（3） $\arccos(-0.785)$；　　（4） $\cos[\arccos(-0.685)]$.

解：（1） $\arccos 0.159 \approx 80°51'04''$；

（2） $\arccos 0.785 \approx 38°16'46''$；

（3） $\arccos(-0.785) \approx 141°43'14''$；

（4） $\cos[\arccos(-0.685)] = -0.685$.

课堂练习

求下列各反余弦值.

（1）$\arccos 0.654$； （2）$\arccos(-0.223)$；
（3）$\cos(\arccos 0.515)$； （4）$\cos[\arccos(-0.713)]$.

三、反正切函数的概念

类似于反正弦函数，我们在 $y = \tan x$ 的单调区间 $\left(-\dfrac{\pi}{2}, \dfrac{\pi}{2}\right)$ 内定义反正切函数.

定义 3 函数 $y = \tan x$，$x \in \left(-\dfrac{\pi}{2}, \dfrac{\pi}{2}\right)$ 的反函数，称为**反正切函数**（简称**反正切**），记作 $y = \arctan x$

表示方法：$y = \arctan x$.

定义域：$(-\infty, +\infty)$.

值域：$\left(-\dfrac{\pi}{2}, \dfrac{\pi}{2}\right)$.

奇偶性：$y = \arctan x$ 为奇函数，$y = \arctan(-x) = -\arctan x$.

应注意的问题：对于 $(-\infty, +\infty)$ 内的每一个值 x，$\arctan x$ 表示 $\left(-\dfrac{\pi}{2}, \dfrac{\pi}{2}\right)$ 内唯一确定的一个角，这个角的正切值恰好等于已知的 x. 对于符号 $\arctan x$，我们要理解并记忆以下三点：

（1）$\arctan x$ 表示一个角；

（2）这个角的正切值就等于 x，即

$$\tan(\arctan x) = x, x \in (-\infty, +\infty).$$

（3）这个角一定在 -90°～90°，即

$$-\dfrac{\pi}{2} < \arctan x < \dfrac{\pi}{2}, x \in (-\infty, +\infty).$$

例 4 求下列各式的值：

（1）$\arctan 0.466$； （2）$\arctan(-0.466)$； （3）$\tan(\arctan 1.452)$.

解：（1）$\arctan 0.466 \approx 24°59'08''$；

（2）$\arctan(-0.466) \approx -24°59'08''$；

（3）$\tan(\arctan 1.452) = 1.452$.

课堂练习

求下列各反正切值.

（1）$\arctan 1.659$； （2）$\arctan(-1.659)$；
（3）$\tan(\arctan 3.515)$； （4）$\tan[\arctan(-2.713)]$.

第十一节 极坐标

在直角坐标系中，是用两个距离来确定点的位置的，这种方法虽然很重要，但它不是确定位置的唯一方法. 例如，炮兵射击时，是用方位角和距离来确定目标的位置的. 这说明，

在有些情况下，可以用一个角度和一个距离来确定点的位置.

如图 3-35 所示，在平面上任取一点 O，由 O 引射线 Ox，再选定长度单位和角的正方向（一般取逆时针方向），这样就在平面内建立了一个**极坐标系**. 点 O 称为**极点**，射线 Ox 称为**极轴**.

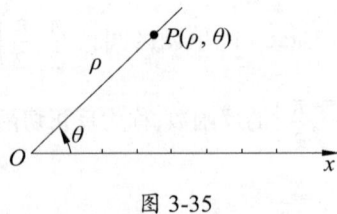

图 3-35

如图 3-35，在极坐标平面上，任取一点 P，其位置可以用线段的长度 OP 和以 Ox 为始边、OP 为终边的角度来确定.

设点 P 到极点 O 的距离为 ρ，以 Ox 为始边、OP 为终边的角度为 θ，则称有序数对 (ρ, θ)，为点 P 的**极坐标**，记作 $P(\rho, \theta)$. ρ 称为点 P 的极径，θ 称为点 P 的极角.

在此，我们规定：

$$\rho \geq 0, \quad -\pi < \theta \leq \pi \text{（有的书中规定 } 0 \leq \theta < 2\pi \text{）}.$$

在此规定之下，极坐标平面上任意一点 P（极点除外）就与它的极坐标 (ρ, θ) 是一一对应的关系. 特别地，极点的极坐标为 $(0, \theta)$，其中 θ 可以取任意实数.

例 1 在极坐标平面上，作出极坐标为 $A\left(2, \dfrac{\pi}{4}\right)$、$B\left(3, \dfrac{2\pi}{3}\right)$、$C\left(5, -\dfrac{5\pi}{6}\right)$、$D\left(6, -\dfrac{\pi}{12}\right)$、$E(4, \pi)$、$F\left(6, -\dfrac{\pi}{2}\right)$ 的点.

解： 如图 3-36 所示. 过极点 O 作射线 OA，使 OA 与 Ox 成 $\dfrac{\pi}{4}$ 角；再在射线 OA 上取点 A，使 $|OA| = 2$，则点 A 即为极坐标为 $\left(2, \dfrac{\pi}{4}\right)$ 的点.

类似地，可以作出点 B、C、D、E、F.

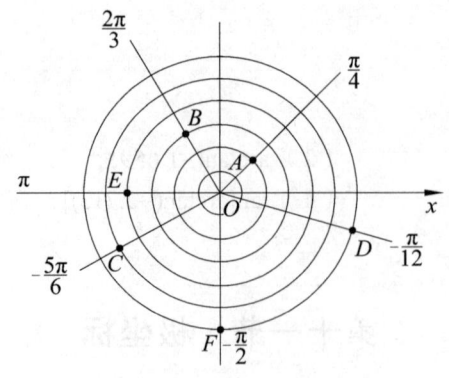

图 3-36

例 2 写出图 3-37 所示的极坐标平面上的点 M、N、P、Q 的极坐标.

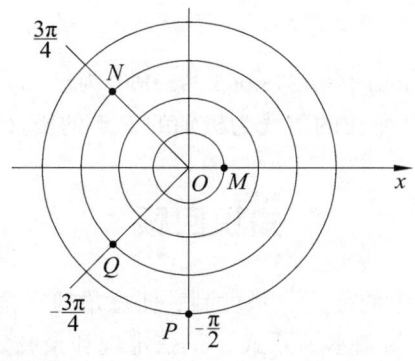

图 3-37

解：因为 $|OM|=1$，点 M 的极角 $\theta = 0$，所以点 M 的极坐标为 $(1, 0)$.

同理可得 $N\left(3, \dfrac{3\pi}{4}\right)$、$P\left(4, -\dfrac{\pi}{2}\right)$、$Q\left(3, -\dfrac{3\pi}{4}\right)$.

例 3 如图 3-38 所示，$A(x_A, y_A)$、$B(x_B, y_B)$ 为已知点，P 为待测设点，其坐标为 (x_P, y_P). 求以 A 为极点、AB 所在的射线为极轴的 P 点的极坐标.

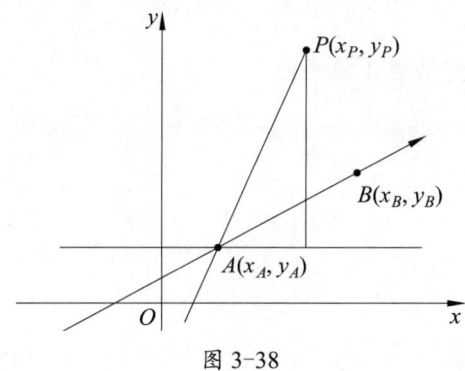

图 3-38

解：如图 3-38 所示，直线 AB 的斜率为 $k_{AB} = \tan\alpha_{AB} = \dfrac{y_B - y_A}{x_B - x_A}$，

则直线 AB 的倾斜角为 $\alpha_{AB} = \arctan\dfrac{y_B - y_A}{x_B - x_A}$.

直线 AP 的斜率为 $k_{AP} = \tan\alpha_{AP} = \dfrac{y_P - y_A}{x_P - x_A}$，

则直线 AP 的倾斜角为 $\alpha_{AP} = \arctan\dfrac{y_P - y_A}{x_P - x_A}$.

则 P 点的极角为 $\theta = \alpha_{AP} - \alpha_{AB} = \arctan\dfrac{y_P - y_A}{x_P - x_A} - \arctan\dfrac{y_B - y_A}{x_B - x_A}$；

P 点的极径为 $\rho = \sqrt{(y_P - y_A)^2 + (x_P - x_A)^2} = \dfrac{y_P - y_A}{\sin\alpha_{AP}} = \dfrac{x_P - x_A}{\cos\alpha_{AP}}$.

课堂练习

如图 3-38 所示，$A(280,300)$、$B(373.065,395.060)$ 为已知点，P 为待测设点，其坐标为 $(295,345)$. 求以 A 为极点、AB 所在的射线为极轴的 P 点的极坐标.

知识回顾

本章主要内容有：角的概念的推广、弧度制、任意角的三角函数、已知三角函数值求角、解直角三角形、同角三角函数的基本关系式、正弦定理和余弦定理及其应用、三角函数的图像和性质，反三角函数的概念和极坐标.

一、任意角的概念和度量

1. 角的概念

角是平面内的一条射线绕端点旋转形成的图形. 按逆时针方向旋转形成的角为正角；按顺时针方向旋转形成的角为负角；射线不作旋转时看作零角.

2. 角的象限的判断

角的终边落到第几象限就是第几象限角.

3. 终边相同的角

落到同一象限.

二、弧度制

$$|\alpha|\text{rad} = \frac{\text{弧长}(l)}{\text{半径}(r)} = \frac{l}{r}.$$

三、任意角的三角函数

1. 6 个三角函数

在 α 终边上任取一点 $P(x, y)$，设 $r = \sqrt{x^2+y^2} > 0$，则

$$\sin\alpha = \frac{y}{r}, \cos\alpha = \frac{x}{r}, \tan\alpha = \frac{y}{x}, \cot\alpha = \frac{x}{y}, \sec\alpha = \frac{r}{x}, \csc\alpha = \frac{r}{y}.$$

2. 三角函数的符号

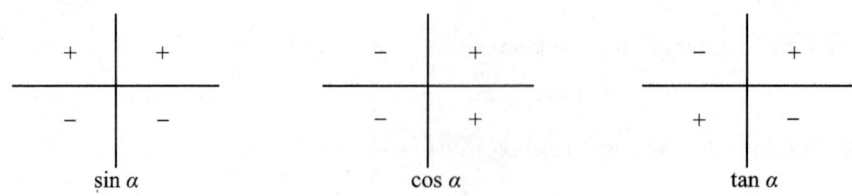

四、已知三角函数值求角

已知三角函数值求角的一般法则：

（1）先确定角的象限．

（2）如果函数值是正值，则先求出对应的锐角 α_1；如果函数值是负值，则应先求出与其绝对值对应的锐角 α_1．

（3）如果是第一象限，则所求的角为 $\alpha=\alpha_1$；

如果是第二象限，则所求的角为 $\alpha=180°-\alpha_1$；

如果是第三象限，则所求的角为 $\alpha=180°+\alpha_1$；

如果是第四象限，则所求的角为 $\alpha=360°-\alpha_1$．

五、解直角三角形

在直角三角形除直角以外的五个元素中，知道其中两个元素（至少有一条边）便能解直角三角形．解直角三角形的问题，按已知条件，可以分成以下几种类型：

	已 知 条 件	解 法
两边	一条直角边和斜边，如 a、c	（1）由 $\sin A=\dfrac{a}{c}$，求 A； （2）$B=90°-A$； （3）$b=\sqrt{c^2-a^2}$
两边	两直角边，如 a、b	（1）由 $\tan A=\dfrac{a}{b}$，求 A； （2）$B=90°-A$； （3）$c^2=a^2+b^2$
一边一角	斜边和一个锐角，如 c、A	（1）$B=90°-A$； （2）$a=c\cdot\sin A$； （3）$b=c\cdot\cos A$．
一边一角	直角边和一个锐角，如 a、A	（1）$B=90°-A$； （2）$b=a\cdot\cot A$； （3）$c=\dfrac{a}{\sin A}$

六、同角三角函数的基本关系式

$$\sin^2\alpha+\cos^2\alpha=1;$$
$$\frac{\sin\alpha}{\cos\alpha}=\tan\alpha;$$
$$\tan\alpha\cdot\cot\alpha=1;$$
$$\sin\alpha\cdot\csc\alpha=1;$$
$$\cos\alpha\cdot\sec\alpha=1.$$

七、正弦定理及应用

$$\frac{a}{\sin A} = \frac{b}{\sin B} = \frac{c}{\sin C} = 2R.$$

八、余弦定理及应用

$$a^2 = b^2 + c^2 - 2bc\cos A;$$
$$b^2 = c^2 + a^2 - 2ca\cos B;$$
$$c^2 = a^2 + b^2 - 2ab\cos C.$$

九、三角函数的性质

函数	$y = \sin x$	$y = \cos x$	$y = \tan x$
定义域	**R**	**R**	$\left\{ x \mid x \neq \dfrac{\pi}{2} + k\pi, k \in \mathbf{Z} \right\}$
值域	$[-1, 1]$; $y_{\max} = 1,\ y_{\min} = -1$	$[-1, 1]$; $y_{\max} = 1,\ y_{\min} = -1$	**R**; 无最大值和最小值
单调性	在 $\left[-\dfrac{\pi}{2} + 2k\pi, \dfrac{\pi}{2} + 2k\pi\right]$ $(k \in \mathbf{Z})$ 上是增函数；在 $\left[\dfrac{\pi}{2} + 2k\pi, \dfrac{3\pi}{2} + 2k\pi\right]$ $(k \in \mathbf{Z})$ 上是减函数	在 $[(2k-1)\pi, 2k\pi]$ $(k \in \mathbf{Z})$ 上是增函数；在 $[2k\pi, (2k+1)\pi]$ $(k \in \mathbf{Z})$ 上是减函数	在 $\left(-\dfrac{\pi}{2} + k\pi, \dfrac{\pi}{2} + k\pi\right)$ $(k \in \mathbf{Z})$ 内是增函数

十、反三角函数的概念

函数	$y = \arcsin x$	$y = \arccos x$	$y = \arctan x$
定义域	$[-1, 1]$	$[-1, 1]$	$(-\infty, +\infty)$
值域	$\left[-\dfrac{\pi}{2}, \dfrac{\pi}{2}\right]$	$[0, \pi]$	$\left(-\dfrac{\pi}{2}, \dfrac{\pi}{2}\right)$

十一、极坐标

在平面上任取一点 O，由 O 引射线 Ox，再选定长度单位和角的正方向（一般取逆时针方向），这样就在平面内建立了一个**极坐标系**。点 O 称为**极点**，射线 Ox 称为**极轴**。

设点 P 到极点 O 的距离为 ρ，以 Ox 为始边、OP 为终边的角度为 θ，则称有序数对 (ρ, θ) 为点 P 的**极坐标**，计作 $P(\rho, \theta)$。ρ 称为点 P 的极径，θ 称为点 P 的极角。

【知识拓展】三角函数的综合应用

方位角是指由直线起点的标准方向的北端起，顺时针方向量至该直线所夹的水平夹角，称为该直线的方位角. 方位角的范围是 0°到 360°, 如图 3-39 所示.

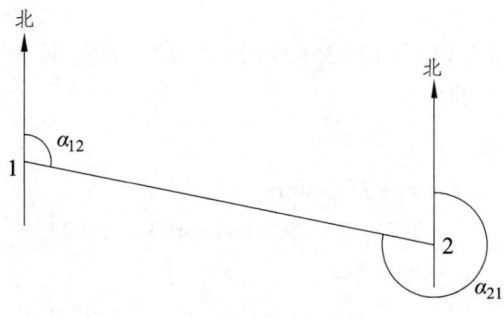

图 3-39

方位角有正反之分. 在图 3-39 中, 若以 1 到 2 为直线的前进方向, 则 1 为起点, 2 为终点, 在起点 1 处 1-2 直线的坐标方位角为 α_{12}, 称为正坐标方位角, 而在终点 2 处, α_{21} 称为 1-2 直线的反坐标方位角. 从图 3-39 中可以看出, 正、反坐标方位角相差 180°, 即

$$\alpha_{21} = \alpha_{12} \pm 180°.$$

（1）根据已知点的坐标、已知边长和该边的坐标方位角计算未知点的坐标, 称为坐标正算.

如图 3-40 所示, 设 A 点为已知点, B 点为未知点, A 点的坐标为 (x_A, y_A), AB 边的边长为 D_{AB}, AB 的坐标方位角为 α_{AB}, 则 B 点的坐标 (x_B, y_B) 为:

$$\begin{cases} x_B = x_A + \Delta x_{AB} \\ y_B = y_A + \Delta y_{AB} \end{cases},$$

其中

$$\begin{cases} \Delta x_{AB} = D_{AB} \cdot \sin \alpha_{AB} \\ \Delta y_{AB} = D_{AB} \cdot \cos \alpha_{AB} \end{cases}. \tag{1}$$

所以

$$\begin{cases} x_B = x_A + D_{AB} \cdot \sin \alpha_{AB} \\ y_B = y_A + D_{AB} \cdot \cos \alpha_{AB} \end{cases}, \tag{2}$$

上式中, Δx_{AB} 和 Δy_{AB} 称为坐标增量, α_{AB} 为坐标方位角.

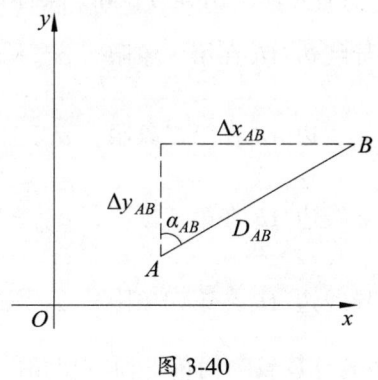

图 3-40

坐标方位角和坐标增量均带有方向性, 要注意下标的书写. 当坐标方位角位于第一象限时, 坐标增量均为正值; 当坐标方位角位于第二象限时, Δx_{AB} 为负值, Δy_{AB} 为正值; 当坐标

方位角位于第三象限时,坐标增量均为负值;当坐标方位角位于第四象限时,Δx_{AB} 为正值,Δy_{AB} 为负值.

例 1 已知 A 点的坐标为 $(3328.125, 3562.432)$,AB 边的边长为 507.164,AB 的坐标方位角 α_{AB} 为 $303°30'25''$,求 B 点的坐标.

解:设 B 点的坐标为 (x_B, y_B),则

$$x_B = x_A + D_{AB} \cdot \sin\alpha_{AB}$$
$$= 3328.125 + 507.164 \times \sin 303°30'25''$$
$$= 2905.242,$$

$$y_B = y_A + D_{AB} \cdot \cos\alpha_{AB}$$
$$= 3562.432 + 507.164 \times \cos 303°30'25''$$
$$= 3842.406.$$

所以 B 点的坐标为 $(2905.242, 3842.406)$.

(2)根据两点的已知坐标,求该两点间的边长和坐标方位角,称为坐标反算.如图 3-40 所示,设 A、B 为两个已知点,其坐标分别为 (x_A, y_A) 和 (x_B, y_B),则

$$\tan\alpha_{AB} = \frac{\Delta x_{AB}}{\Delta y_{AB}}.$$

因此

$$\alpha_{AB} = \arctan\frac{\Delta x_{AB}}{\Delta y_{AB}}; \tag{3}$$

$$D_{AB} = \sqrt{\Delta x_{AB}^2 + \Delta y_{AB}^2} \tag{4}$$

或

$$D_{AB} = \frac{\Delta x_{AB}}{\sin\alpha_{AB}} = \frac{\Delta y_{AB}}{\cos\alpha_{AB}}, \tag{5}$$

式中:$\Delta x_{AB} = x_B - x_A$;$\Delta y_{AB} = y_B - y_A$.

因为坐标方位角的取值范围为 $0° \sim 360°$,所以按公式(3)求得的 α_{AB} 还需根据 Δx_{AB} 和 Δy_{AB} 的符号确定导线边所在的象限,然后才能求出其方位角.具体讨论如下:

① 当 $\Delta x_{AB} > 0$,$\Delta y_{AB} > 0$ 时,导线边 AB 在第一象限,$\alpha_{AB} = \arctan\dfrac{\Delta x_{AB}}{\Delta y_{AB}}$;

② 当 $\Delta x_{AB} < 0$,$\Delta y_{AB} > 0$ 时,导线边 AB 在第二象限,$\alpha_{AB} = 180° - \arctan\dfrac{\Delta x_{AB}}{\Delta y_{AB}}$;

③ 当 $\Delta x_{AB} < 0$,$\Delta y_{AB} < 0$ 时,导线边 AB 在第三象限,$\alpha_{AB} = 180° + \arctan\dfrac{\Delta x_{AB}}{\Delta y_{AB}}$;

④ 当 $\Delta x_{AB} > 0$,$\Delta y_{AB} < 0$ 时,导线边 AB 在第四象限,$\alpha_{AB} = 360° - \arctan\dfrac{\Delta x_{AB}}{\Delta y_{AB}}$.

在坐标反算中,两点间的距离计算较为简单,而方位角的反算因涉及象限的不同需要讨论,具有一定的难度,计算时要特别注意.其一般步骤是:先根据 Δx 和 Δy 的符号确定导线边所在的象限,再用式(3)计算,最后根据导线边所在的象限按①~④的情况代入其公式计算

出方位角.

例 2 已知 A、B 两点的坐标分别为 (3558.124，4945.451) 和 (3842.489，4529.126)，试求直线 AB 的坐标方位角 α_{AB} 与边长 D_{AB}.

解： $\Delta x_{AB} = x_B - x_A = 3842.489 - 3558.124 = 284.365$；

$\Delta y_{AB} = y_B - y_A = 4529.126 - 4945.451 = -416.325$.

所以 $D_{AB} = \sqrt{\Delta x_{AB}^2 + \Delta y_{AB}^2} = \sqrt{284.365^2 + (-416.325)^2} = 504.173$；

$$\arctan \frac{\Delta x_{AB}}{\Delta y_{AB}} = \arctan \frac{284.365}{-416.325} = \arctan(-0.6830) = -34°19'59''.$$

因为 $\Delta x_{AB} > 0$，$\Delta y_{AB} < 0$，

则坐标方位角 α_{AB} 为第四象限角.

所以 $\alpha_{AB} = 360° - \arctan \dfrac{\Delta x_{AB}}{\Delta y_{AB}} = 360° - 34°19'59'' = 325°40'01''$.

例 3 如图 3-41 所示，已知 A、B 两点的坐标分别为 $x_A = 35522.01$ m，$y_A = 41527.29$ m，$x_B = 35189.35$ m，$y_B = 41116.90$ m，测得角 α 为 $59°20'59''$，角 β 为 $54°09'52''$，计算 P 点的坐标.

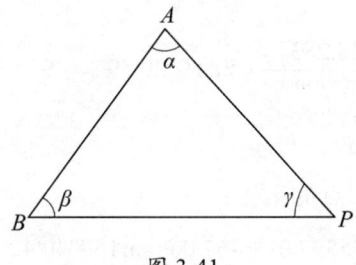

图 3-41

解： 根据导线坐标的计算公式求 P 点的坐标.

（1）计算 AB 边的坐标方位角及边长.

因为 $\Delta x_{AB} = x_B - x_A = 35189.35 - 35522.01 = -332.66 < 0$.

$\Delta y_{AB} = y_B - y_A = 41116.90 - 41527.29 = -410.39 < 0$；

所以 α_{AB} 是第三象限角，

所以

$$\alpha_{AB} = 180° + \arctan \frac{\Delta x_{AB}}{\Delta y_{AB}} = 180° + \arctan \frac{-332.66}{-410.39}$$

$$= 180° + \arctan 0.8106 = 219°01'41''.$$

$$D_{AB} = \frac{\Delta x_{AB}}{\sin \alpha_{AB}} = \frac{-332.66}{\sin 219°01'41''} = 528.283 \text{（m）}.$$

检核：$D_{AB} = \dfrac{\Delta y_{AB}}{\cos \alpha_{AB}} = \dfrac{-410.39}{\cos 219°01'41''} = 528.283$（m）；

$$D_{AB} = \sqrt{(-332.66)^2 + (-410.39)^2} = 528.283 \text{ (m)}.$$

（2）计算 AP、BP 边的坐标方位角及边长.

$$\alpha_{AP} = \alpha_{AB} - \alpha = 219°01'41'' - 59°20'59'' = 159°40'42'';$$

$$\alpha_{BP} = \alpha_{BA} + \beta = \alpha_{AB} - 180° + \beta = 219°01'41'' - 180° + 54°09'52'' = 93°11'33''.$$

根据三角形内角和定理得

$$\gamma = 180° - 59°20'59'' - 54°09'52'' = 66°29'09''.$$

在 $\triangle ABP$ 中，由正弦定理得

$$\frac{D_{AP}}{\sin\beta} = \frac{D_{AB}}{\sin\gamma}.$$

所以 $D_{AP} = \dfrac{D_{AB}}{\sin\gamma} \cdot \sin\beta = \dfrac{528.283}{\sin 66°29'09''} \times \sin 54°09'52'' = 467.064$ （m）.

同理 $D_{BP} = \dfrac{D_{AB}}{\sin\gamma} \cdot \sin\alpha = \dfrac{528.283}{\sin 66°29'09''} \times \sin 59°20'59'' = 495.636$ （m）.

（3）计算 P 点的坐标.

根据式（4），由 A 点计算 P 点的坐标：

$$x_P = x_A + D_{AP} \cdot \sin\alpha_{AP} = 35522.01 + 467.064\sin 159°40'42'' = 35684.217 \text{ (m)};$$

$$y_P = y_A + D_{AP} \cdot \cos\alpha_{AP} = 41527.29 + 467.064\cos 159°40'42'' = 41089.297 \text{ (m)}.$$

由 B 点计算 P 点的坐标：

$$x_P = x_B + D_{BP} \cdot \sin\alpha_{BP} = 35189.35 + 495.636\sin 93°11'33'' = 35684.217 \text{ (m)}.$$

$$x_P = x_B + D_{BP} \cdot \cos\alpha_{BP} = 41116.90 + 495.636\cos 93°11'33'' = 41089.297 \text{ (m)}.$$

取两组 P 点坐标的平均值作为 P 点的坐标：

$$x_P = 35684.217 \text{ (m)};$$

$$y_P = 41089.297 \text{ (m)}.$$

所以 P 点的坐标为 $(35684.217, 41089.297)$.

第四章　空间图形及其计算

第一节　平面及其基本性质

一、平面的概念和表示法

在日常生活和实践中，我们会看到很多平整的面，如窗玻璃面、桌面、平静水面等．几何里所说的平面就是从这些物体表面抽象出来的．但是几何里的平面是无限延展的，没有边界的．上面所说的一些面只是平面的一部分．

平面的画法及其表示方法：

（1）通常，把平面画成平行四边形．

如果平面是水平放置的，则把平行四边形的锐角画成 45°，横边等于邻边的两倍，并用一个小写希腊字母 α、β、γ 等表示．在一个希腊字母 α、β、γ 的前面加"平面"二字，如平面 α、平面 β、平面 γ 等，且字母通常写在平行四边形的一个锐角内，如图 4-1 所示．

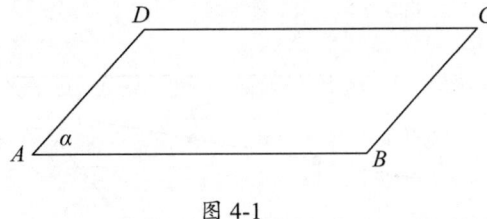

图 4-1

如果平面是竖直的，可以画出图 4-2 所示的三种情形，其中 α、β、γ 分别在观察者的左前方、正前方和右前方．

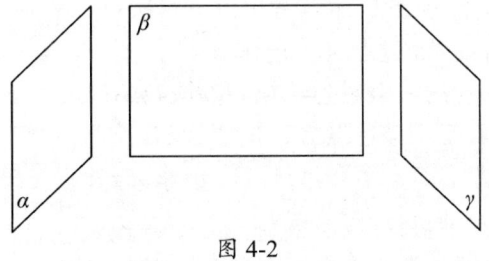

图 4-2

（2）用平行四边形的四个字母表示，如平面 ABCD（图 4-1）．

（3）用表示平行四边形的两个相对顶点的字母来表示，如平面 AC（图 4-1）．

平面的特点：平面是一个不加定义的概念，具有"平""无限延展""无厚薄"的特点（也就是说不能用大小来衡量）．一个平面可以把空间分成两部分，这正如直线是无限延伸的，一条直线可以把平面分成两部分一样．我们所画的只是一条直线的一部分，因此，上面所说的物体如果是平的，也只是它所在平面的一部分．

如图 4-3 所示，如果一个平面的一部分被另一个平面遮住时，几何里规定：被遮住部分的线段画成虚线或不画. 但应注意, 在制图课程中画"三视图"时, 被遮住部分的线段必须画成虚线, 而不能不画.

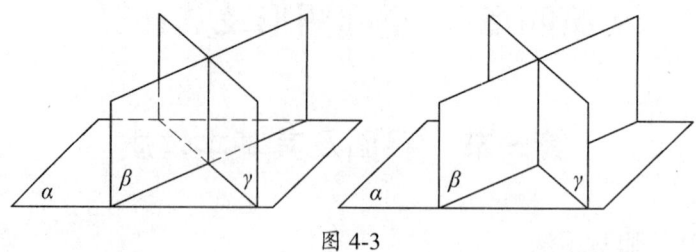

图 4-3

课堂练习

能不能说一个平面长 4 m, 宽 3 m? 为什么?

二、平面的基本性质

人们在长期的生活和实践中积累的经验表明, 关于平面有下述三个公理:

公理 1 如果一条直线上有两个点在一个平面内, 那么这条直线在这个平面内.

如图 4-4 所示, 已知直线 l 上有两个点在平面 α 内, 则 l 上所有的点都在平面 α 内, 即直线 l 在平面 α 内. 这时也称 α 经过 l.

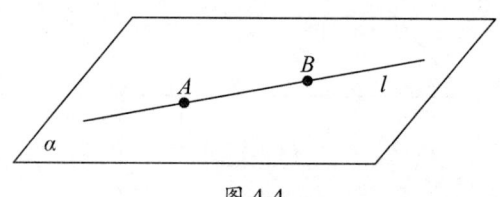

图 4-4

为了叙述方便, 在研究点、直线、平面时, 可使用集合的符号和术语. 其中点是元素, 直线和平面可看作点的集合. 因此, 本章常用以下写法:

点 A 在直线 l 上, 即直线 l 经过点 A, 记作 $A \in l$;

点 A 不在直线 l 上, 即直线 l 不经过点 A, 记作 $A \notin l$;

点 A 在平面 α 内, 即平面 α 经过点 A, 记作 $A \in \alpha$;

点 A 不在平面 α 内, 即平面 α 不经过点 A, 记作 $A \notin \alpha$;

直线 l 在平面 α 内, 即平面 α 经过直线 l, 记作 $l \subset \alpha$;

直线 l 不在平面 α 内, 即平面 α 不经过直线 l, 记作 $l \not\subset \alpha$.

公理 1 用符号表示如下:

若 $A \in \alpha, B \in \alpha$, 则 $AB \subset \alpha$.

公理 2 如果两个平面有一个公共点, 那么它们有且只有一条经过这个点的公共直线.

如图 4-5 所示, 已知点 A 是平面 α 和 β 的一个公共点, 则平面 α 和平面 β 有且只有一条经过 A 的公共直线 l, 这时也称 α 和 β 相交于 l, 记作 $\alpha \cap \beta = l$.

例如, 教室里相邻的两个墙面在墙角处有一个公共点, 它们就相交于经过这个公共点的一条直线.

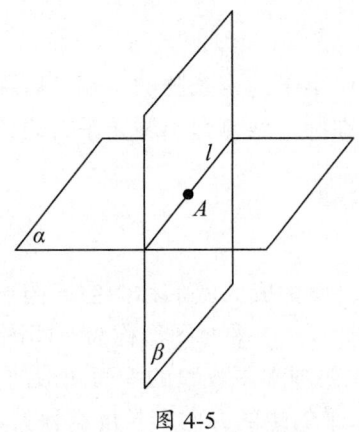

图 4-5

公理 2 用符号表示如下：

$A \in \alpha$，$A \in \beta$，则 $\alpha \cap \beta = l$，其中 $A \in l$.

公理 3 不共线（不在同一条直线上）的三个点确定一个平面.

如图 4-6 所示，已知 A、B、C 三个点不在同一条直线上，则这三个点确定一个平面 α. 这里"确定一个平面"是指"有且只有一个平面".

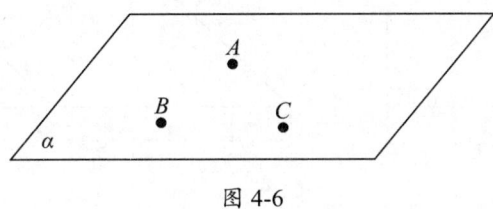

图 4-6

例如，一扇门用两个合页和一把锁就固定了，就是这个道理. 这是公理 3 的一个实际应用. 不共线的三个点 A、B、C 确定的平面可以记作平面 ABC.

根据公理 1 和公理 3，可得下述三个推论.

推论 1 一条直线和直线外一点确定一个平面.

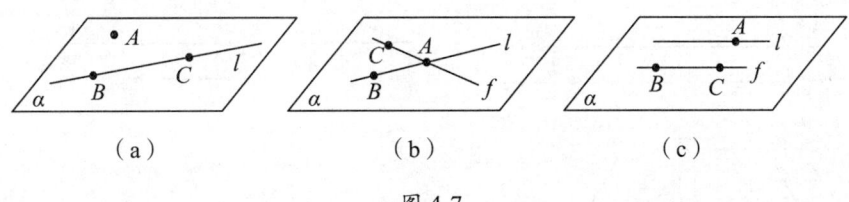

图 4-7

如图 4-7（a）所示，已知 A 是直线 l 外的一点，在 l 上取两点 B、C，则三点 A、B、C 不共线，它们确定一个平面 α. 由公理 1 知，l 在平面 α 内，因此点 A 和直线 l 确定一个平面 α.

推论 2 两条相交直线确定一个平面.

如图 4-7（b）所示，已知直线 l 和 f 相交于一点 A，在 l 和 f 上分别取异于 A 的两个点 B 和 C，则三点 A、B、C 不共线，它们确定一个平面 α.

推论 3 两条平行直线确定一个平面.

如图 4-7（c）所示，已知直线 l 和 f 平行，根据平行线的定义和公理 3，它们确定一个平面 α.

课堂练习

1. 怎样用两根绳子来检查一张桌子的四条腿的下端是否在同一个平面内，道理是什么？
2. 木工锯木料时，为什么要在圆木两侧弹出两条平行线，然后沿线锯开？

三、直观图的画法

不在同一个平面内的点、线、面构成的图形称为**空间图形**. 把空间图形画在纸上或黑板上，就是用平面图形来表示空间图形，该平面图形称为空间图形的**直观图**.

要画空间图形的直观图，首先要画水平放置的平面图形的直观图. 例如，把矩形画成一个锐角为 45° 的平行四边形，其中水平的边的方向和长度都保持不变，竖直的边要画成偏转 45° 且缩为原来长度一半的线段，如图 4-8（a）所示. 其他的平面图形也可类似地画出，如图 4-8（b）（c）所示，这样可得水平放置的平面图形的直观图.

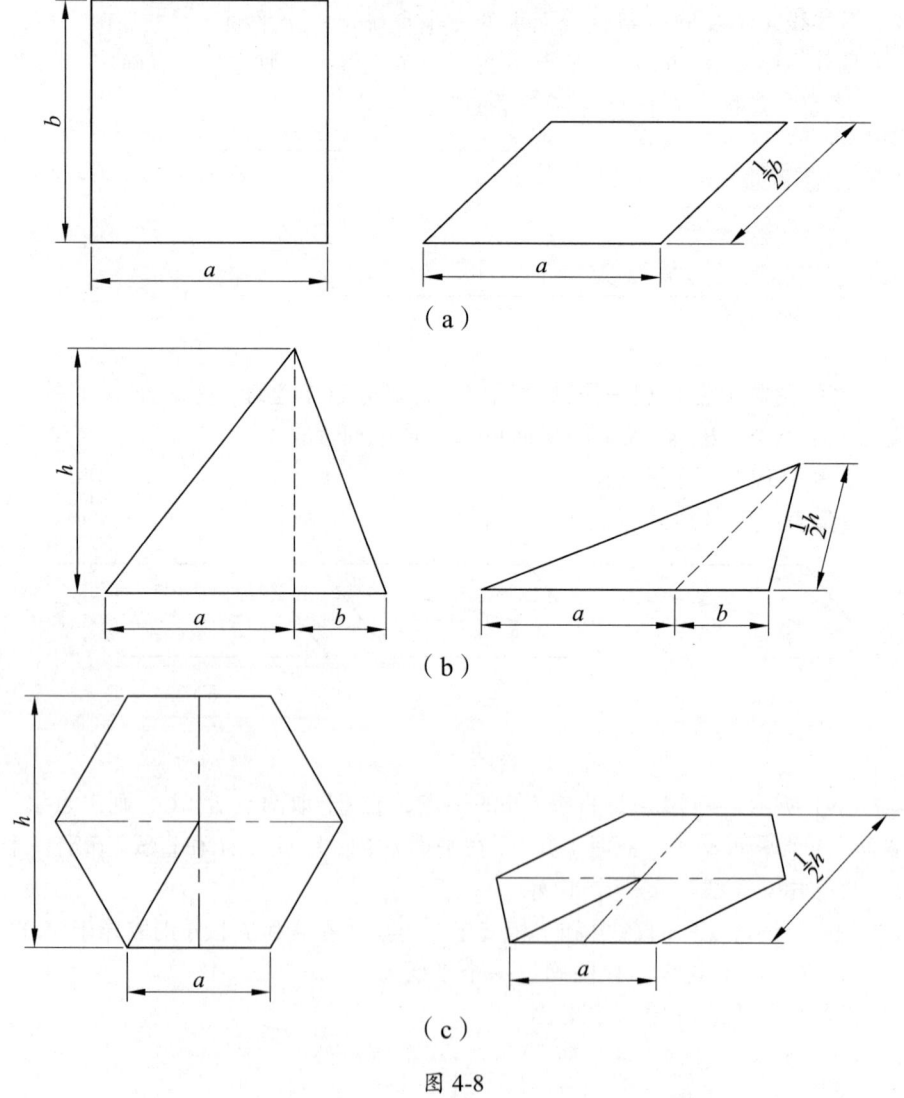

图 4-8

课堂练习

画出下列图形的直观图.
（1）水平放置的正方形；
（2）水平放置的正三角形；
（3）水平放置的等腰梯形；
（4）棱长为 3 cm 的正方体.

第二节　直线和直线的位置关系

一、空间两条直线位置关系的概念

我们知道，共面但不重合的两条直线，它们的位置关系有且只有相交或平行这两种情况.然而，空间的两条直线还有第三种位置关系.例如，图 4-9 所示六角螺母的棱 AB 和棱 CD 所在的直线，它们既不相交也不平行.显然，它们不在同一平面内，既不平行也不相交，即它们不共面.

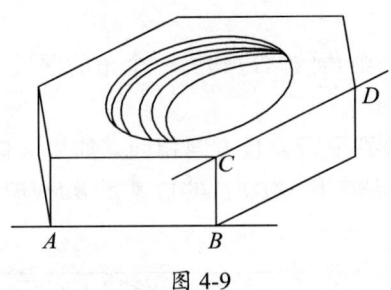

图 4-9

定义 1　不共面的两条直线称为**异面直线**.

显然，两条异面直线是既不平行也不相交的.因此，空间直线的位置关系有且只有下列三种：

（ⅰ）平行；（ⅱ）相交；（ⅲ）异面.

在画异面直线时，要显示出两条直线不共面的特点，既不平行也不相交（图 4-10）.

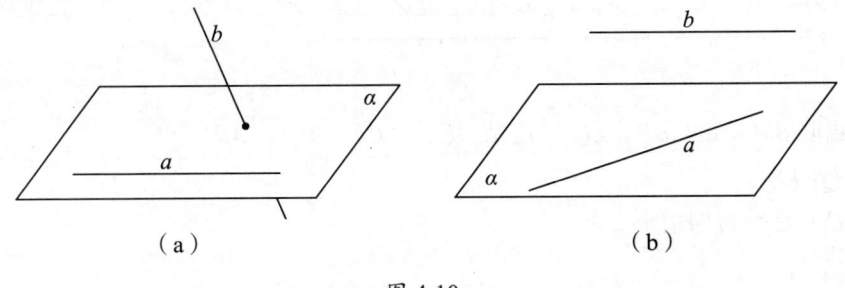

图 4-10

课堂练习

在图 4-11 中，分别作出线段 A_1C_1、AC、A_1C、BD_1，并说明下列各对线段的位置关系：
（1）A_1A 与 DC；（2）A_1C_1 与 AC；（3）A_1C 与 BD_1.

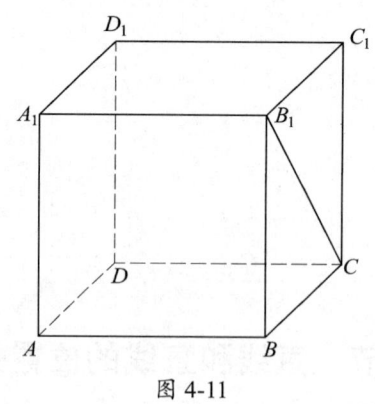

图 4-11

二、空间的平行直线

平面几何里有这样一个定理：在同一平面内，如果两条直线都和第三条直线平行，那么这两条直线也互相平行．空间的直线也有这样的性质，我们把它作为公理．

公理 4 平行于同一条直线的两条直线互相平行．

由公理 4 可证得下述定理．

定理（等角定理） 如果一个角的两边和另一个角的两边分别平行且方向相同，那么这两个角相等．

注 这两个角的两边必须分别平行，且方向相同，如果方向不同，这两个角也不相等．

已知：如图 4-12 所示，$\angle ABC$ 和 $\angle DEF$ 的边满足 $BA//ED$，$BC//EF$，且方向相同．求证：$\angle ABC = \angle DEF$．

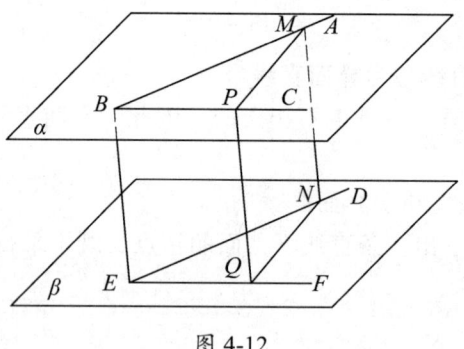

图 4-12

证明：截取 $BM = EN$，$BP = EQ$，连结 BE、MN、PQ、MP、NQ．

因为 $BM \underline{\parallel} EN$，

所以 $BMNE$ 是平行四边形，

所以 $BE \underline{\parallel} MN$．

同理可证 $BE \underline{\parallel} PQ$．

由公理 4 得 $MN \underline{\parallel} PQ$．

所以 $MNQP$ 是平行四边形，

所以 $MP = NQ$．

于是 $\triangle BMP \cong \triangle ENQ$.

所以 $\angle ABC = \angle DEF$.

把上面两个角的两边反向延长,可得下述等角定理的推论.

推论 如果两条相交直线和另两条相交直线分别平行,那么,这两组直线所成的锐角(或直角)相等.

注 平面几何中的定理,对于非平面的空间图形,必须经过证明才能使用. 但是,在研究空间图形时,平面几何中的定义、公理、定理、推论等,对于同一个平面内(简称**共面**)的图形仍然成立.

课堂练习

1. 把一张长方形的纸对折两次,打开后会看到三条折痕,试说明这些折痕是互相平行的.
2. 分别在两个平面内的两条直线一定是异面直线吗?为什么?
3. 垂直于同一条直线的两条直线,可能有几种位置关系?

三、异面直线所成的角

定义2 经过空间任意一点,分别作两条异面直线的平行线,这两条直线相交所成的锐角(或直角)称为**两条异面直线所成的角**.

图 4-13 是异面直线所成的角的两种常见的画法.

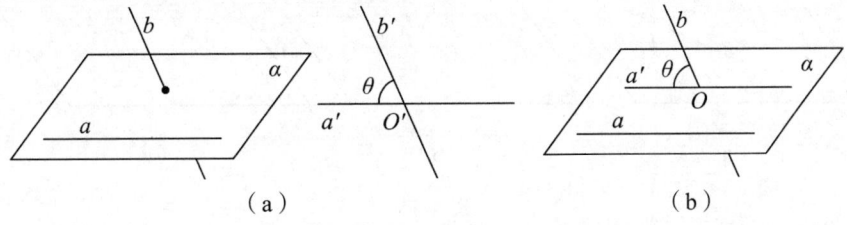

图 4-13

由等角定理的推论可知,两条异面直线 a 和 b 所成的角的大小,是由 a 与 b 的相对位置决定的,而与空间任意一点 O 的位置选取无关.

如果两条异面直线 a 和 b 所成的角是直角,则称这两条**异面直线互相垂直**,也记作 $a \perp b$.

例1 在图 4-14 所示的正方体中,求线段 AA_1 与 CB_1 所成的角.

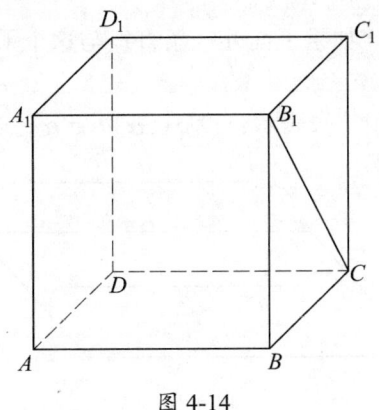

图 4-14

解：因为 $BB_1 // AA_1$，

所以 AA_1 与 CB_1 所成的角就是 BB_1 与 CB_1 所成的锐角.

因为 $\angle BB_1C = 45°$，

所以 AA_1 与 CB_1 所成的角为 45°.

课堂练习

在图 4-14 所示的正方体中，求线段 AA_1 与 BC、AD_1 与 AC 所成的角.

第三节 直线和平面的位置关系

一、直线和平面位置关系的概念

如图 4-15(a)所示，如果直线 l 与平面 α 有无数个公共点，则称**直线在平面内**，记作 $l \subset \alpha$；如图 4-15(b)所示，如果直线 l 与平面 α 有一个公共点，则称**直线和平面相交**，记作 $l \cap \alpha = A$；如图 4-15(c)所示，如果直线 l 与平面 α 没有公共点，则称**直线和平面平行**，记作 $l // \alpha$；直线 l 与平面 α 相交或平行统称为直线在平面外，记作 $l \not\subset \alpha$.

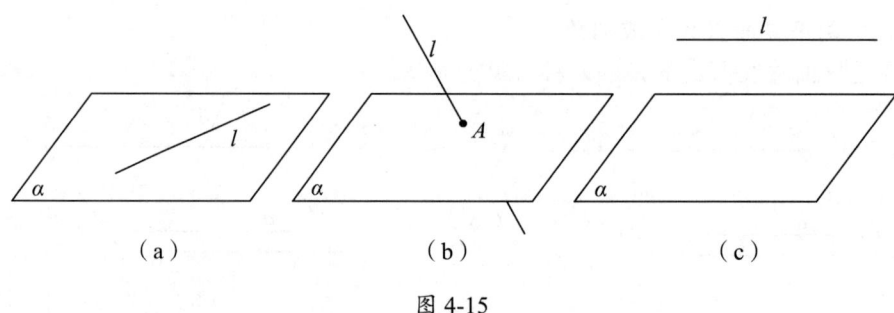

图 4-15

因此，空间直线和平面的位置关系有且只有下列三种：

（ⅰ）在内；（ⅱ）相交；（ⅲ）平行.

注 在画 $l // \alpha$ 时，要把 l 画在平面 α 外面，并与 α 的一边平行.

二、直线和平面平行的判定和性质

定理 1（线面平行判定定理）如果平面外一条直线与这个平面内的一条直线平行，则称这条直线与这个平面平行.

如图 4-16 所示，此定理可用符号表示：设 $a \not\subset \alpha$，$b \subset \alpha$，若 $a // b$，则 $a // \alpha$.

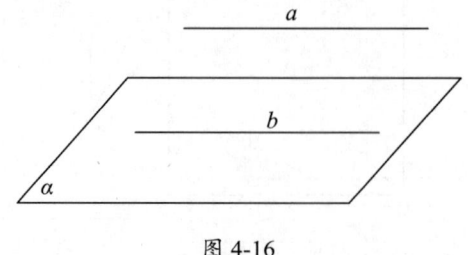

图 4-16

例1 空间四边形(四个顶点不共面的四边形)相邻两边中点的连线,平行于经过另外两边的平面.

已知:如图 4-17 所示,在空间四边形 $ABCD$ 中,E、F 分别是 AB、AD 的中点. 求证:EF // 平面 BCD.

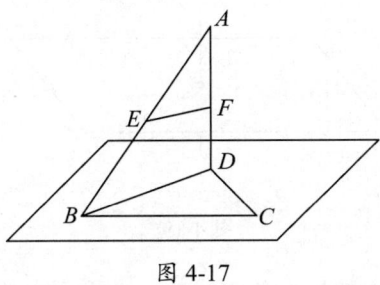

图 4-17

证明: 连结 BD,

$$\left.\begin{array}{r}AE = EB \\ AF = FD\end{array}\right\} \Rightarrow EF \underline{\underline{//}} \frac{1}{2} BD$$

$$\left.\begin{array}{r}EF \not\subset \text{平面} BCD \\ BD \subset \text{平面} BCD\end{array}\right\} \Rightarrow EF // \text{平面} BCD.$$

定理 2(线面平行性质定理) 如果一条直线与一个平面平行,经过这条直线的平面与这个平面相交,则称这条直线就与交线平行.

如图 4-18 所示,此定理可用符号表示如下:

设 $a \subset \beta$、$\alpha \cap \beta = b$,若 $a // \alpha$,则 $a // b$.

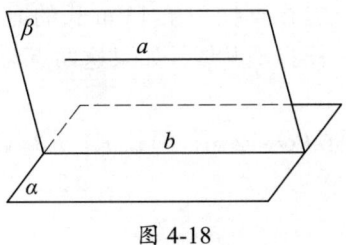

图 4-18

课堂练习

1. 安装日光灯时,怎样才能使灯管与天棚、地板平行?
2. 画两个相交平面,在一个平面内画一条直线与另一个平面平行,写出画法,并说明这样画的理由.

三、直线和平面垂直的判定和性质

定义 如果直线 l 与平面 α 内的任何直线都垂直,则称**直线与平面互相垂直**,记作 $l \perp \alpha$. l 称为平面的**垂线**,α 称为直线的**垂面**,l 与 α 的交点称为**垂足**.

从平面外一点向平面引垂线,这点到垂足的距离叫作这个**点到这个平面的距离**.

如图 4-19 所示，画 $l\perp\alpha$ 时，要使 l 与 α 较长的边垂直.
根据直线与平面垂直的定义，得：若 $l\perp\alpha$，$a\subset\alpha$，则 $l\perp a$.

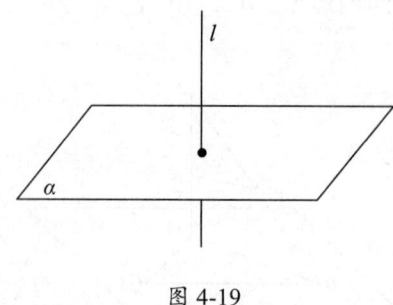

图 4-19

定理 3（线面垂直判定定理）如果一条直线与一个平面内的两条相交直线都垂直，那么这条直线垂直于这个平面.

如图 4-20 所示，此定理可用符号表示如下：
$a\subset\alpha$，$b\subset\alpha$，$a\cap b=P$. 若 $l\perp a$，$l\perp b$，则 $l\perp\alpha$.

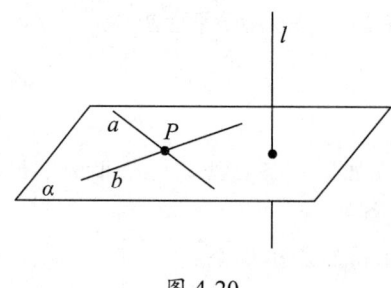

图 4-20

例 2 有一电线杆高 12 m，从它顶点挂一条 13 m 长的绳子，拉紧绳子并先后将下端放在地平面上两点处，使这两点和电线杆脚不共线. 如果这两点与电线杆脚的距离都是 5 m，求证电线杆与地面垂直.

已知：如图 4-21 所示，电线杆 $PO=12$ m，绳长 $PA=PB=13$ m，$OA=OB=5$ m，A、O、B 不共线. 求证：$PO\perp$ 地面.

证明： 因为 $12^2+5^2=13^2$，

在 $\triangle POA$ 中，$PO^2+OA^2=PA^2$；

在 $\triangle POB$ 中，$PO^2+OB^2=PB^2$.

所以 $\angle POA=90°$；$\angle POB=90°$，

即 $PO\perp OA$；$PO\perp OB$.

因为 A、O、B 不共线，

所以 OA 与 OB 是地平面内的相交直线，

由线面垂直判定定理知 $PO\perp$ 地面.

由线面垂直判定定理可以推出：如果两条平行直线中的一条垂直于一个平面，那么另一条也垂直于这个平面. 这个结论也可作为判定定理使用.

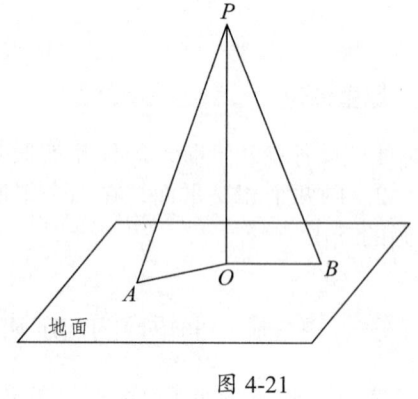

图 4-21

定理 4（线面垂直性质定理） 如果两条直线同垂直于一个平面，那么这两条直线平行.

如果一条直线与一个平面平行，那么这条直线上任意一点到这个平面的距离都相等．所以如果 $l\parallel\alpha$，则把 l 上任意一点到平面 α 的距离，称为**直线到平面的距离**．

课堂练习

1. 与三角形两边都垂直的直线，也与第三边垂直，为什么？
2. AB 和 CD 都是平面 α 的垂线段，且都在 α 的同一侧，垂足分别为 B、D．如果 $AB=4$ cm，$CD=8$ cm，$BD=3$ cm，求 AC 的长.

四、直线与平面所成的角

如果一条直线与一个平面相交但不垂直，则称这条直线是**平面的斜线**，斜线与平面的交点称为**斜足**．

如图 4-22 所示，从平面外一点 P，分别作 α 的垂线 PO 和斜线 PA，其中 O 为垂足，A 为斜足，称 PO 是**平面的垂线段**，PA 是**平面的斜线段**，OA 是斜线段在**平面内的射影**，垂足 O 称为**点 P 在 α 内的射影**.

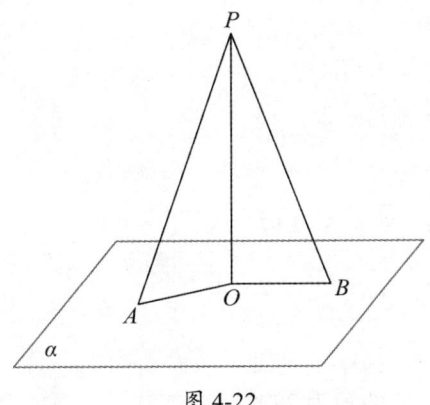

图 4-22

如图 4-22 所示，PO 是 α 的垂线段，PA、PB 是 α 的两条斜线段，OA、OB 是 PA、PB 在 α 内的射影．利用该图和直角三角形的性质可以证明：

定理 5 从平面外一点向平面所引的垂线段和斜线段中，
（1）射影相等的斜线段相等，射影较长的斜线段较长；
（2）相等斜线段的射影相等，较长斜线段的射影较长；
（3）垂线段比任何一条斜线段都短．

斜线段和它在平面内的射影所成的锐角，称为这条斜线段所在的**斜线与平面所成的角**．特别地，如果直线与平面垂直，则规定它们所成的角是直角；如果直线与平面平行或在平面内，则规定它们所成的角是 0° 的角．

由于上面既介绍了斜线与平面所成的角，又介绍了直线与平面成直角或 0° 的角，所以，今后将不再说"斜线与平面所成的角"，而统一称为**直线与平面所成的角**．

例 3 过矩形 $ABCD$ 的顶点 D 作平面 AC 的垂线段 FD，设 $AB=12$，$BC=9$，$FD=8$，求直线 FB 与平面 AC 所成的角．

分析 本题首先要找出直线 FB 与平面 AC 所成的角，然后在直角三角形中，利用勾股定理求出该角.

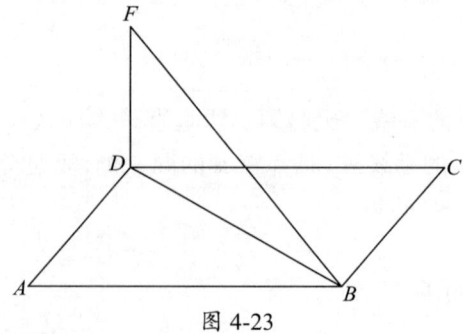

图 4-23

解：如图 4-23 所示，连结 DB、FB.

因为 FD⊥平面 AC，D 为垂足，

所以 DB 是 FB 在平面 AC 内的射影，

所以 FB 与平面 AC 所成的角是∠FBD.

又因为 FD⊥平面 AC，DB⊂平面 AC，

所以 FD⊥DB.

所以，在 Rt△DAB 中，

$$DB = \sqrt{AD^2 + AB^2} = \sqrt{9^2 + 12^2} = 15，$$

在 Rt△FDB 中，

$$FB = \sqrt{FD^2 + DB^2} = \sqrt{8^2 + 15^2} = 17，$$

$$\sin \angle FBD = \frac{8}{17} \approx 0.4706，$$

所以 ∠FBD = 28°4′.

即直线 FB 与平面 AC 所成的角为 28°4′.

课堂练习

已知斜线段的长是它在平面 α 上的射影的 2 倍，求斜线与平面 α 所成的角.

五、三垂线定理

三垂线定理 在平面内的一条直线，如果和这个平面的一条斜线的射影垂直，那么它也和这条斜线垂直.

已知：如图 4-24 所示，PO、PA 分别是 α 的垂线、斜线，OA 是 PA 在 α 内的射影，$a \subset \alpha$，$a \perp OA$. 求证：$a \perp PA$.

证明：

$$\left.\begin{array}{r}PO \perp \alpha \\ a \subset \alpha\end{array}\right\} \Rightarrow \left.\begin{array}{r}PO \perp a \\ OA \perp a\end{array}\right\} \Rightarrow \left.\begin{array}{r}a \perp 平面 POA \\ PA \subset 平面 POA\end{array}\right\} \Rightarrow a \perp PA.$$

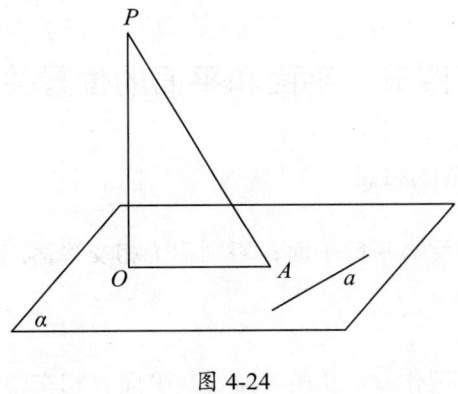

图 4-24

用同样的方法可以证明：

三垂线定理的逆定理　在平面内的一条直线，如果和这个平面的一条斜线垂直，那么它也和这条斜线的射影垂直.

例 4　道旁有一条河，彼岸有一座高为 h_1 m 的塔，现只有测角器和皮尺作测量工具，能否求出塔顶到道路的距离？

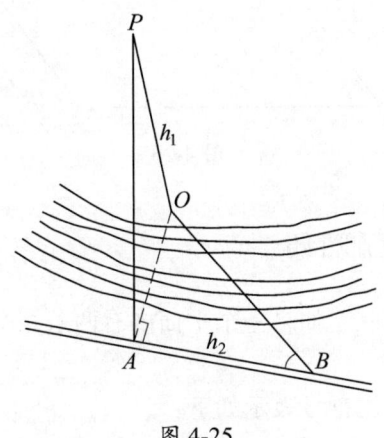

图 4-25

解：如图 4-25 所示，塔高 $PO=h_1$ m，在道边取一点 A，使 OA 与道边 AB 成 $90°$ 角；再在道边取一点 B，使 $\angle ABO=45°$，量得 A、B 的距离为 h_2 m.

因为 OA 是 PA 在平面上的射影，且 $AB\perp OA$，

由三垂线定理得 $AB\perp PA$，

所以，斜线段 PA 的长度就是塔顶到道路的距离.

在 Rt$\triangle OAB$ 中，$\angle ABO=45°$，$AB=h_2$，

所以 $OA=h_2$，

在 Rt$\triangle PAO$ 中，$PA=\sqrt{h_1^2+h_2^2}$.

课堂练习

证明三垂线定理的逆定理.

第四节　平面和平面的位置关系

一、两个平面位置关系的概念

没有公共点的两个平面称为**平行平面**；否则称为**相交平面**. 因此两个不重合平面的位置关系有且只有以下两种：

（ⅰ）相交；（ⅱ）平行.

平面 α 与平面 β 平行，记作 $\alpha // \beta$；平面 α 与平面 β 相交，记作 $\alpha \cap \beta = AB$. 如图 4-26 所示，画 $\alpha // \beta$ 时，要注意把两个平行四边形的对应边画成长边与长边平行，短边与短边平行.

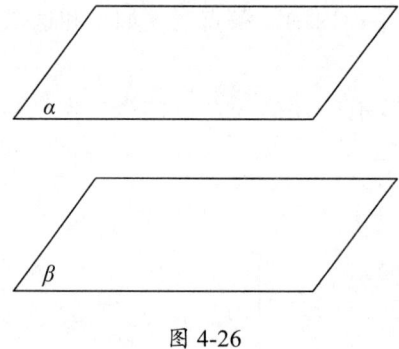

图 4-26

二、两个平面平行的判定和性质

定理 1（面面平行判定定理）　如果一个平面内有两条相交直线都平行于另一个平面，那么这两个平面平行.

如图 4-27 所示，此定理可用符号表示如下：

设 $a \subset \alpha, b \subset \alpha, a \cap b = P$. 若 $a // \beta, b // \beta$，则 $\alpha // \beta$.

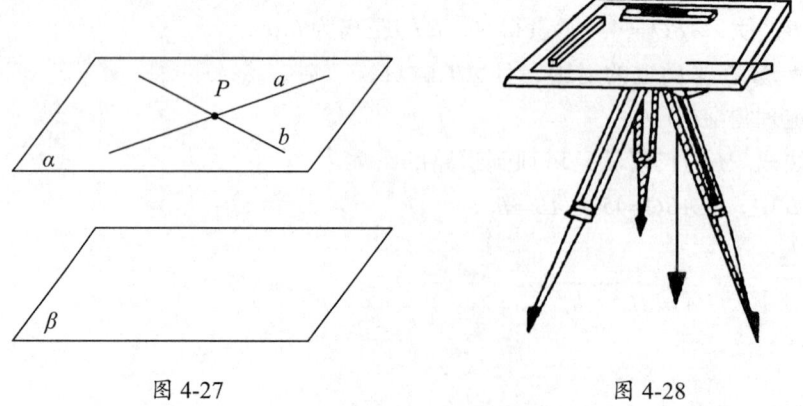

图 4-27　　　　　图 4-28

如图 4-28 所示，用平板仪进行测量时，要先用水准仪校正平板是否与地面平行. 校正时，把水准器在平板上交叉放置两次,如果水准器的气泡两次都居中,这就表明平板内的两条相交直线都和地面平行. 这是面面平行判定定理的一个应用.

推论1 如果一个平面内的两条相交直线分别平行于另一个平面内的两条直线,那么这两个平面平行.

如图 4-29 所示,此推论可用符号表示如下:

设 $a \subset \alpha$, $b \subset \alpha$, $a \cap b = P$, $a' \subset \beta$, $b' \subset \beta$. 若 $a // a'$, $b // b'$,则 $\alpha // \beta$.

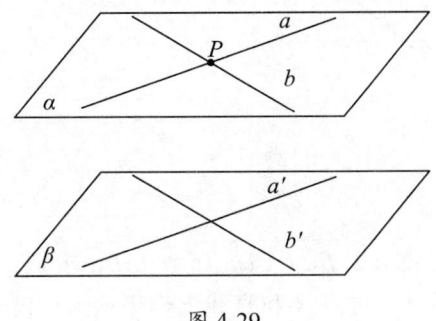

图 4-29

推论2 垂直于同一条直线的两个平面平行.

已知:如图 4-30 所示,$AA' \perp \alpha$,$AA' \perp \beta$. 求证:$\alpha // \beta$.

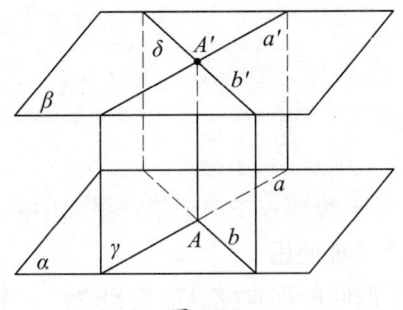

图 4-30

证明:设经过 AA' 的两个平面 γ、δ 分别与平面 α、β 交于直线 a、a' 和 b、b'.

因为 $\alpha \perp AA'$,$\beta \perp AA'$,

所以 $AA' \perp a$,$AA' \perp a'$,

所以 $a // a'$,

所以 $a' // \alpha$;

同理可证 $b' // \alpha$.

又因为 $a' \cap b' = A'$.

所以 $\alpha // \beta$.

安装双轮手推车的车轮时,只要使轮轴两端的两个车轮都垂直于轴,这两个车轮就互相平行了. 这是推论 2 的一个实际应用.

定理2(面面平行性质定理) 如果两个平行平面同时和第三个平面相交,那么它们的交线平行.

如图 4-31 所示,此定理可用符号表示如下:

设 $\alpha // \beta$,$\alpha \cap \gamma = a$,$\beta \cap \gamma = b$. 那么 $a // b$.

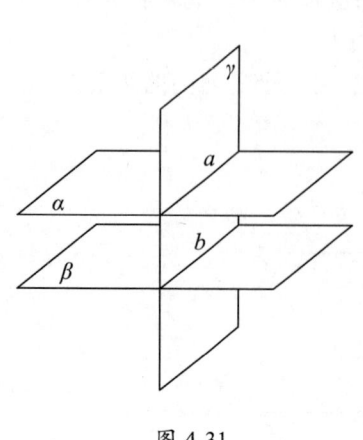 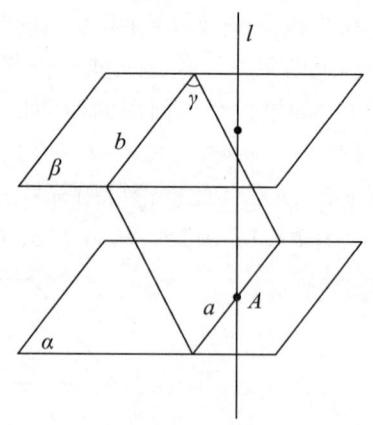

图 4-31　　　　　　　　　　图 4-32

例 1　如图 4-32 所示，已知 $\alpha /\!/ \beta$，$l \perp \alpha$，$l \cap \alpha = A$，求证：$l \perp \beta$.

证明：在 β 内任取一直线 b，过点 A 和直线 b 作平面 γ，设 $\gamma \cap \alpha = a$.

因为 $\alpha /\!/ \beta$，$\alpha \cap \gamma = a$，$\beta \cap \gamma = b$，

所以 $a /\!/ b$.

又因为 $a \subset \alpha$ 且 $l \perp \alpha$，

所以 $l \perp a$.

所以 $l \perp b$.

因为 b 是 β 内的任意直线，

所以 $l \perp \beta$.

由例 1 可以看到：如果一条直线垂直于两个平行平面中的一个，那么这条直线也垂直于另一个平面．这也可以作为性质定理使用．

可以证明：夹在两个平行平面间的垂直线段的长相等．两个平行平面间的垂直线段的长，称为两个**平行平面间的距离**.

课堂练习

1. 参照图 4-31，试证明面面平行性质定理：如果两个平行平面同时和第三个平面相交，那么它们的交线平行．

2. 求证：夹在两个平行平面之间的平行线段相等．

三、二面角及其平面角

修筑堤坝时，为了使它经久耐用，必须使堤坝斜面和水平面成适当的角度；车刀刀口的两个面，必须根据用途构成一定的角度．这些事实说明，有必要研究两个平面相交所成的角．

定义 1　平面内的一条直线把这个平面分成两部分，每一个部分称为一个**半平面**.

定义 2　从一条直线引出的两个半平面组成的图形称为**二面角**，这条直线称为**二面角的棱**，这两个半平面称为**二面角的面**.

如图 4-33（a）所示，棱为 AB，面为 α、β 的二面角，可以记作二面角 $\alpha - AB - \beta$；如果

棱用 l 表示,则可记作二面角 $\alpha-l-\beta$.

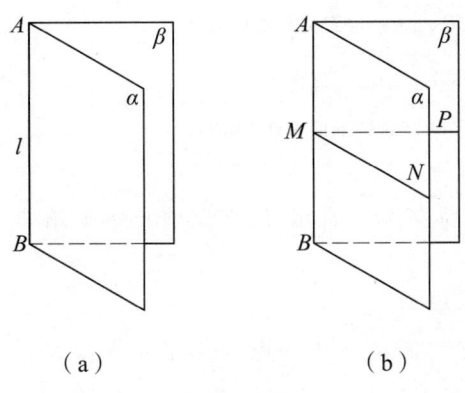

图 4-33

如图 4-33(b)所示,如果以二面角 $\alpha-AB-\beta$ 的棱 AB 上任意一点 M 为端点,在两个面 α、β 内分别作垂直于棱的射线 MN、MP,则由等角定理知,所有这样的 $\angle NMP$ 都相等. 于是,我们有下述定义.

定义 3 以二面角的棱上任意一点为端点,在两个平面内分别作垂直于棱的两条射线,这两条射线所成的角称为**二面角的平面角**.

我们规定:二面角的大小用它的平面角来度量. 例如,一个二面角的平面角是 $n°$,就说这个二面角是 $n°$. 如果二面角的平面角是 $90°$,则称该二面角为**直二面角**.

例 2 如图 4-34 所示,山坡坡面 α 与地平面 β 所成的二面角为 $30°$,坡面上有一条直路 AC,它与 α、β 的交线成 $60°$ 的角. 沿直路 AC 上山,每前进 100 m 升高多少?直路 AC 与地平面 β 的夹角是多少?

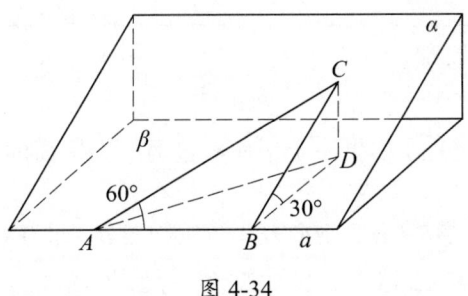

图 4-34

解:如图 3-34 所示,取 $AC=100$ m,过点 C 作 $CB \perp a$,B 为垂足;过点 C 作 $CD \perp \beta$,D 为垂足,连结 BD,则 $BD \perp a$.

所以 $\angle CBD$ 就是坡面 α 与地平面 β 所成的二面角的平面角,

所以 $\angle CBD = 30°$.

连结 AD,则 AD 就是直路 AC 在地平面 β 内的射影,

所以 $\angle CAD$ 就是直路 AC 与地平面 β 的夹角.

在 Rt$\triangle ABC$ 中,$AC=100$ m,$\angle CAB=60°$,

所以 $BC = AC \cdot \sin 60° = 100 \times \dfrac{\sqrt{3}}{2} = 50\sqrt{3}$.

在 Rt△CDB 中，$BC = 50\sqrt{3}$ m，$\angle CBD = 30°$，

所以 $CD = BC \cdot \sin 30° = 50\sqrt{3} \times \dfrac{1}{2} = 25\sqrt{3} \approx 43$ m．

在 Rt△CDA 中，$CD = 25\sqrt{3}$，$AC = 100$，

所以 $\sin \angle CAD = CD/AC = 25\sqrt{3}/100 \approx 0.4330$，

所以 $\angle CAD \approx 25°39'$．

答：每前进 100 m 约升高 43 m；直路 AC 与地平面的夹角约为 25°39′．

课堂练习

已知二面角 $\alpha-l-\beta = 60°$，平面 α 内一点 M 到 β 的距离是 $\sqrt{3}$，那么 M 在 β 上的射影 M' 到棱 l 的距离为多少？

四、两个平面垂直的判定和性质

定义 4 两个平面相交，如果所成的二面角是直二面角，则称**这两个平面互相垂直**．

平面 α 和 β 垂直，可记作 $\alpha \perp \beta$．如图 4-35 所示，画 $\alpha \perp \beta$ 时，把竖直平面的竖直边画成与水平平面的横边垂直．

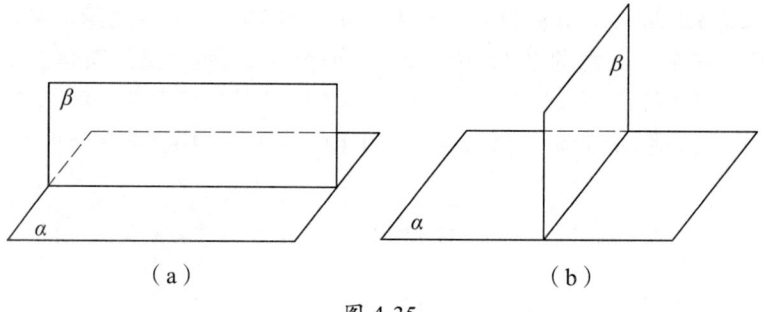

图 4-35

定理 3（面面垂直判定定理）如果一个平面经过另一个平面的垂线，那么这两个平面互相垂直．

已知：如图 4-36 所示，$AB \perp \alpha$，$AB \cap \alpha = B$，$AB \subset \beta$．求证：$\beta \perp \alpha$．

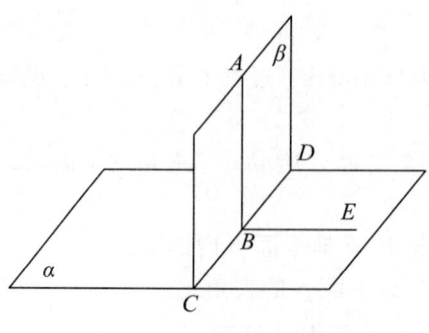

图 4-36

证明：设 $\alpha \cap \beta = CD$，则 $B \in CD$．在 α 内过 B 作直线 $BE \perp CD$．

因为 $AB \perp \alpha$,

所以 $AB \perp CD$, $AB \perp BE$.

所以 $\angle ABE$ 是二面角 $\alpha - CD - \beta$ 的平面角且为直角,

所以 $\beta \perp \alpha$.

建筑工人在砌墙时,常用下端系有铅锤的线段来检查所砌的墙是否和地面垂直. 这是上述定理的一个应用.

定理 4(面面垂直性质定理)如果两个平面垂直,那么在一个平面内垂直于它们交线的直线垂直于另一个平面.

如图 3-36 所示,此定理可用符号表示如下:

设 $\beta \perp \alpha, AB \subset \beta, \alpha \cap \beta = CD$. 若 $AB \perp CD$,则 $AB \perp \alpha$.

例 3 如图 4-37 所示,直二面角 $\alpha - l - \beta$ 的棱 l 上有 A、B 两点,在 α 内过 A 作 $AC \perp l$, 在 β 内作 $BD \perp l$. 已知,$AC = 6$ cm,$BD = 24$ cm,$AB = 8$ cm,求 CD 的长.

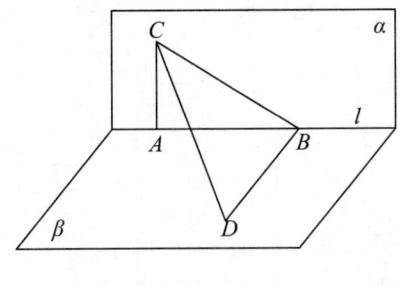

图 4-37

解: 连结 BC, CD.

因为 $A \in l$,$B \in l$,$AC \perp l$,

所以 $AC \perp AB$,

所以在 Rt$\triangle ABC$ 中,

$$BC = \sqrt{AC^2 + AB^2} = \sqrt{6^2 + 8^2} = 10.$$

因为 $\alpha - l - \beta$ 是直二面角,$BD \perp l$,$BD \subset \beta$,

由面面垂直性质定理得 $BD \perp \alpha$.

又因为 $BC \subset \alpha$,

所以 $BD \perp BC$.

所以在 Rt$\triangle DBC$ 中,

$$CD = \sqrt{BD^2 + BC^2} = \sqrt{24^2 + 10^2} = 26 \text{ cm}.$$

由面面垂直性质定理,可得下述两个推论:

推论 1 如果两个平面互相垂直,那么经过第一个平面内的一点垂直于第二个平面的直线,在第一个平面内.

如图 4-38 所示,此推论可用符号表示如下:

设 $\alpha \perp \beta, A \in \beta$. 若 $AB \perp \alpha$,则 $AB \subset \beta$.

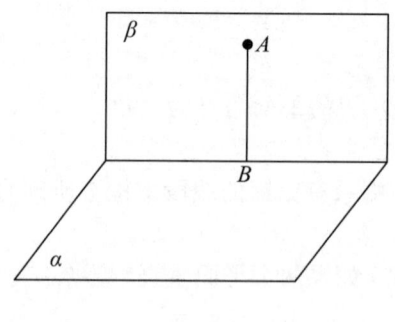

图 4-38

推论 2 如果两个相交平面都和第三个平面垂直,那么它们的交线也和第三个平面垂直. 如图 4-39 所示,此推论可用符号表示如下:

设 $\alpha\perp\gamma$,$\beta\perp\gamma$.若 $\alpha\cap\beta=l$,则 $l\perp\gamma$.

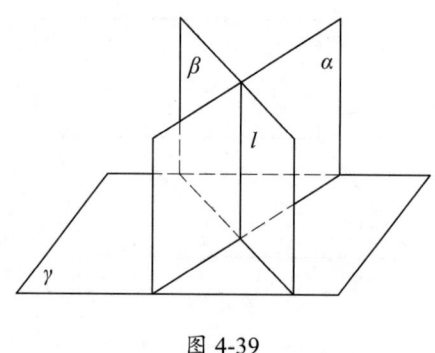

图 4-39

教室里相邻的两个墙面都垂直于地面,那么它们的交线(墙角线)也垂直于地面.

课堂练习

一个直二面角内的一点到两个面的距离分别是 5 cm 和 12 cm,这个点到棱的距离为多少?

第五节　空间图形的有关计算

前面主要是研究空间图形中直线和直线、直线和平面、平面和平面的位置关系. 本节将以它们为基础,进一步研究常见的空间图形的主要性质和有关计算.

一、直棱柱与圆柱

1. 直棱柱与圆柱的概念

如图 4-40 所示,有两个面互相平行,其余每相邻两个面的交线都互相平行的几何体称为**棱柱**.

(1)两个平行的面叫作**棱柱的底面**.

(2)其余各面叫作**棱柱的侧面**.

（3）侧面与底面的交线叫作**底面的边**.

（4）侧面的交线叫作**棱柱的侧棱**.

（5）侧棱与底面的公共点叫作**棱柱的顶点**.

（6）不在同一个面上的两个顶点的连线叫作**棱柱的对角线**.

（7）两底面间的距离叫作**棱柱的高**.

（8）过不相邻的两条侧棱组成的平面叫**对角面**.

侧棱与底面垂直的棱柱叫**直棱柱**. 底面是正多边形的直棱柱叫**正棱柱**.

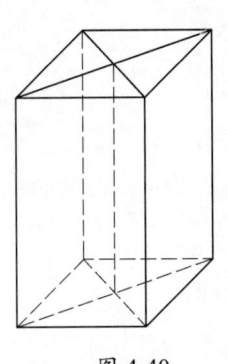

图 4-40

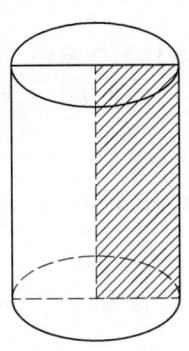

图 4-41

如图 4-41 所示，矩形绕着它的一边旋转一周所得的几何体称为**圆柱**.

（1）被绕着旋转的一边所在的直线称为**圆柱的轴**.

（2）轴的对边旋转时所在的每一个位置称为**圆柱的母线**.

（3）由母线旋转所成的面称为**圆柱的侧面**.

（4）由矩形其他两边旋转所成的两个圆面称为**圆柱的底面**.

（5）两底面之间的距离称为**圆柱的高**.

2. **直棱柱与圆柱的主要性质**

直棱柱的主要性质有：

（1）直棱柱的各条侧棱都相等；

（2）直棱柱的侧棱都与它们的高相等；

（3）直棱柱的侧面是矩形，正棱柱的各个侧面是全等的矩形.

（4）直棱柱的两个底面是全等的多边形，正棱柱的两个底面是全等的正多边形，正棱柱两个底面中心的连线是正棱柱的高；

（5）直棱柱的对角面是矩形.

圆柱的主要性质有：

（1）圆柱的两个底面平行，且是相等的圆，过两个底面圆心的直线是圆柱的轴，轴在两个底面之间的部分（线段）是圆柱的高；

（2）圆柱的母线与高平行且相等；

（3）圆柱的轴截面是以两底圆直径为两边、母线为另两边的全等矩形；

（4）平行于圆柱底面的截面是与底面相等的圆.

3. **直棱柱与圆柱的侧面展开图**

如图 4-42 所示，直棱柱和圆柱的侧面展开图都是矩形.

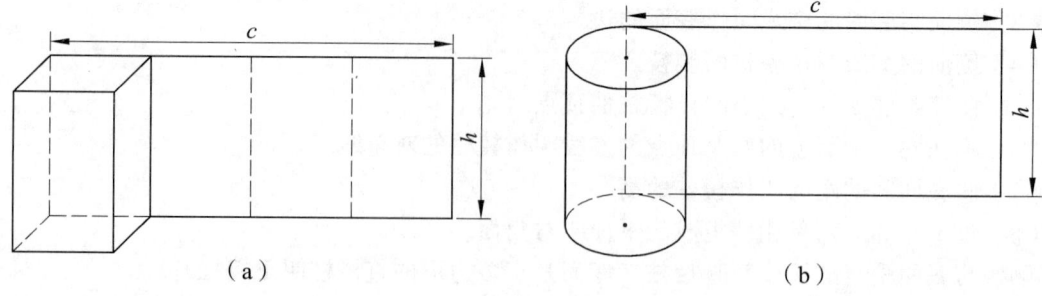

图 4-42

4. 直棱柱与圆柱的侧面积

设直棱柱的底面周长为 c，高为 h，则侧面积

$$S_{直棱柱侧}=ch.$$

设正棱柱底面的边长为 a，边数为 n，底面周长为 c，高为 h，则侧面积为

$$S_{正棱柱侧}=ch=nah.$$

设圆柱的底面周长为 c，高为 h，底面半径为 r，则侧面积

$$S_{圆柱侧}=ch=2\pi rh.$$

5. 直棱柱与圆柱的全面积

设直棱柱的底面积为 $S_{底}$，侧面积为 $S_{侧}$，则全面积

$$S_{全}=2S_{底}+S_{侧}.$$

设圆柱的底面积为 $S_{底}$，侧面积为 $S_{侧}$，高为 h，底面半径为 r，则全面积

$$S_{全}=2S_{底}+S_{侧}=2\pi r^2+2\pi rh.$$

6. 直棱柱与圆柱的体积

设直棱柱的底面积为 $S_{底}$，高为 h，则体积

$$V_{直棱柱}=S_{底}\times h.$$

设圆柱的底面积为 $S_{底}$，底面半径为 r，高为 h，则体积

$$V_{圆柱}=S_{底}\times h=\pi r^2 h.$$

注 直棱柱与圆柱的体积公式适用于任何柱体体积的计算.

例 1 底面是平行四边形的直棱柱称为**直平行六面体**. 如图 4-43 所示，有一直平行六面体的每条棱长都是 a，底面的一个角为 $60°$，求这个直平行六面体的全面积和体积.

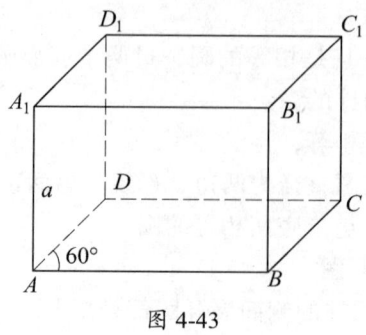

图 4-43

解：因为这个直平行六面体的每条棱长都是 a，

所以 $S_{侧} = 4AB \cdot BB_1 = 4a^2$.

因为底面的一个角为 $60°$，

所以 $S_{底} = 2 \times \dfrac{1}{2} a \cdot a \times \sin 60° = \dfrac{\sqrt{3}}{2} a^2$.

所以 $S_{全} = S_{侧} + 2S_{底} = 4a^2 + \sqrt{3} a^2 = (4+\sqrt{3})a^2$.

$$V = S_{底} \times h = \dfrac{\sqrt{3}}{2} a^2 \times a = \dfrac{\sqrt{3}}{2} a^3.$$

例 2 一个带有燕尾槽的铸件的尺寸如图 4-44 所示. 已知铁的密度是 7.8 g/cm^3，求这个铸件的质量.

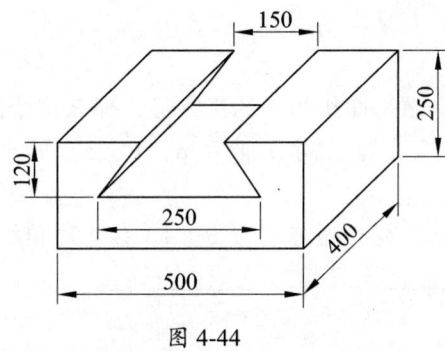

图 4-44

解：这个铸件的体积 V 等于长方体的体积 V_1 减去燕尾槽的体积 V_2.

$$V_1 = 500 \times 400 \times 250 = 50000000 \text{ mm}^3 = 50000 \text{ cm}^3.$$

因为燕尾槽是底面为梯形的直四棱柱，所以

$$V_2 = \dfrac{1}{2}(150+250) \times 120 \times 400 = 9600000 \text{ mm}^3 = 9600 \text{ cm}^3$$

所以， $V = V_1 - V_2 = 50000 - 9600 = 40400 \text{ cm}^3$.

所以，所求铸件的质量为：$7.8 \times 40400 = 315120 \text{ g} = 315.12 \text{ kg}$.

例 3 三棱柱的底面是三角形 ABC（图 4-45），$AB = 13$ cm，$BC = 5$ cm，$CA = 12$ cm，侧棱 AA_1 的长是 20 cm. 如果侧棱与底面所成的角是 $60°$，求这个三棱柱的体积（斜棱柱的体积等于棱柱的底面积与高的乘积）.

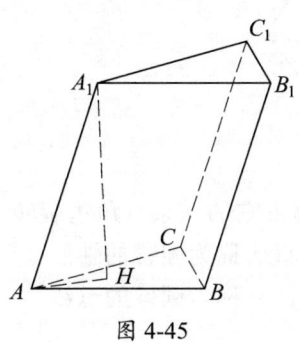

图 4-45

解： 设 A_1 在平面 ABC 内的射影为 H，则 A_1H 是棱柱的高，连结 AH，则 $\angle A_1AH = 60°$.

在 $\text{Rt}\triangle A_1AH$ 中，$A_1A = 20$，

则 $A_1H = A_1A\sin 60° = 20 \times \dfrac{\sqrt{3}}{2} = 10\sqrt{3}$.

在 $\triangle ABC$ 中，$AB = 13$ cm，$BC = 5$ cm，$CA = 12$ cm，

所以 $AB^2 = BC^2 + CA^2$，

所以 $\angle C = 90°$，

所以 $S_{\triangle ABC} = \dfrac{1}{2}BC \cdot CA = \dfrac{1}{2} \times 5 \times 12 = 30$ cm^2.

所以 $V = S_{\triangle ABC}h = 30 \times 10\sqrt{3} = 300\sqrt{3}$ cm^3.

课堂练习

1. 如果一个圆柱的轴截面是面积为 S 的正方形，那么这个圆柱的一个底面积为多少？
2. 如果一个长方体的长、宽、高分别为 a、b、c，那么这个长方体的对角线的长应是_____.
3. 如果一个长方体的长、宽、高之比为 3∶4∶12，对角线的长为 26 cm，则长方体的长为_____，宽为_____，高为_____.

二、正棱锥与圆锥

1. 正棱锥与圆锥的概念

如图 4-46 所示，有一个面是多边形，其余各面具有公共顶点的三角形的几何体称为**棱锥**.

（1）多边形称为棱锥的底面，各个三角形称为**棱锥的侧面**.
（2）两个相邻侧面的交线称为**棱锥的侧棱**.
（3）各个侧面的公共顶点称为**棱锥的顶点**，顶点到底面的距离称为**棱锥的高**.
（4）底面是正多边形，且顶点到底面垂线的垂足是底面正多边形的中心的棱锥称为**正棱锥**.

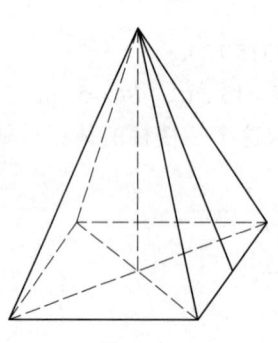

图 4-46

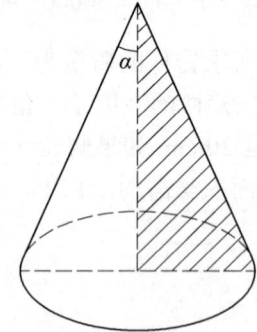

图 4-47

如图 4-47 所示，直角三角形绕着它的一条直角边旋转一周所得的几何体称为**圆锥**.
（1）被绕着旋转的一边所在的直线称为**圆锥的轴**.
（2）斜边旋转时所在的每一个位置称为**圆锥的母线**.

（3）母线与轴的交点称为**圆锥的顶点**.

（4）由母线旋转所成的面称为圆锥的侧面，由另一条直角边旋转所成的面称为**圆锥的底面**.

（5）从顶点到底面的距离称为**圆锥的高**.

2. 正棱锥与圆锥的主要性质

正棱锥的主要性质有：

（1）正棱锥的各条侧棱相等；

（2）正棱锥的各个侧面是全等的等腰三角形，各等腰三角形底边上的高相等，它称为正棱锥的斜高；

（3）正棱锥的顶点与底面正多边形中心的连线垂直于底面，它是正棱锥的高；

（4）正棱锥的各条侧棱与底面所成的角相等，各个侧面与底面所成的二面角相等.

圆锥的主要性质有：

（1）圆锥的顶点与底面圆心的连线是圆锥的高；

（2）圆锥的母线与高相交于顶点，母线都相等；

（3）圆锥的母线与轴所成的角都相等；

（4）圆锥的母线与底面所成的角都相等；

（5）圆锥的平行于底面的截面是圆；

（6）圆锥的轴截面都是以底面直径为底、母线为腰的等腰三角形.

圆锥轴截面的两条母线的夹角称为圆锥的顶角，母线与轴的夹角 α，称为圆锥的斜角. 圆锥的斜角 α 的正切值称为圆锥的斜度，斜度的 2 倍称为圆锥的锥度. 显然

$$\text{圆锥的斜度} = \tan\alpha = \frac{\text{圆锥底面半径}}{\text{圆锥的高}};$$

$$\text{圆锥的锥度} = 2\tan\alpha = \frac{\text{圆锥底面直径}}{\text{圆锥的高}}.$$

3. 正棱锥与圆锥的侧面展开图

如图 4-48 所示，正棱锥与圆锥的侧面展开图分别是多边形和扇形.

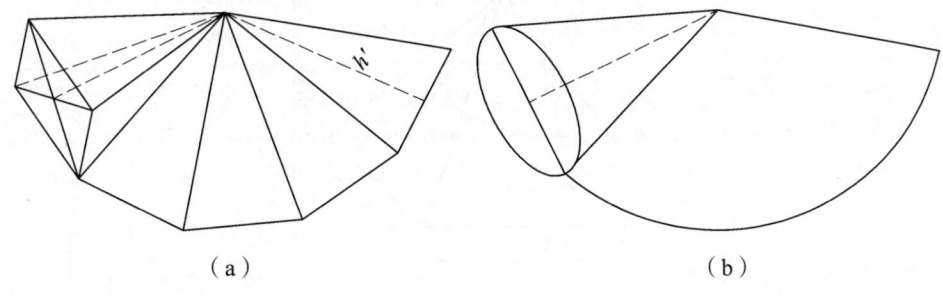

（a） （b）

图 4-48

4. 正棱锥与圆锥的侧面积

设正棱锥底面的边长为 a，边数为 n，斜高为 h'，底面周长为 c，则侧面积

$$S_{\text{正棱锥侧}} = \frac{1}{2}ch' = \frac{1}{2}nah'.$$

设圆锥的底面半径为 r，母线长为 h'，底面周长为 c，则侧面积

$$S_{圆锥侧}=\frac{1}{2}ch'=\pi rh'.$$

5. 正棱锥与圆锥的全面积

设正棱锥的底面积为 $S_{底}$，侧面积为 $S_{侧}$，则全面积

$$S_{全}=S_{底}+S_{侧}.$$

设圆锥的底面积为 $S_{底}$，侧面积为 $S_{侧}$，底面半径为 r，母线长为 h'，则全面积

$$S_{全}=S_{底}+S_{侧}=\pi r^2+\pi rh.$$

6. 正棱锥与圆锥的体积

设正棱锥的底面积为 $S_{底}$，高为 h，则体积

$$V_{正棱锥}=\frac{1}{3}S_{底}h.$$

设圆锥的底面积为 $S_{底}$，高为 h，底面半径为 r，则体积

$$V_{圆锥}=\frac{1}{3}S_{底}\cdot h=\frac{1}{3}\pi r^2h.$$

注 正棱锥与圆锥的体积公式适用于任何锥体体积的计算.

例 4 设计一个正四棱锥形的冷水塔塔顶，高为 0.85 m，底面边长为 1.50 m，求制造这个塔顶需要多少铁板（精确到 $0.1\ m^2$）.

分析：求制造该塔顶需要多少铁板，就是求该四棱柱的侧面积.

解：如图 4-49 所示，S 表示塔顶的顶点，O 表示底面的中心，则 SO 为塔顶的高. 设 SE 为塔顶的斜高，

则在 Rt△SOE 中，$SE=\sqrt{\left(\frac{1.50}{2}\right)^2+0.85^2}\approx 1.13\ m$.

所以 $S_{正棱锥侧}=\frac{1}{2}ch'=\frac{1}{2}(1.50\times 4)\times 1.13\approx 3.4\ m^2$.

所以制造这个塔顶需要 3.4 m^2 的铁板.

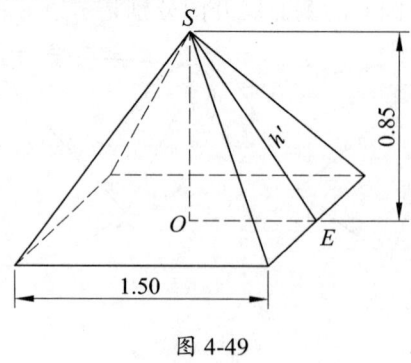

图 4-49

课堂练习

判断对错：

1. 圆锥的母线经过顶点且相等，各条母线与轴的交角相等.（　　）

2. 正棱锥的侧棱与底面所成的角均相等，相邻两个侧面所组成的二面角均相等.（   ）
3. 已知圆锥的底面半径为 2 m，高为 3 m，求它的体积和侧面积.（   ）

三、棱台与圆台

1. 棱台与圆台的概念

用一个平行于棱锥底面的平面去截棱锥，底面和截面之间的部分叫作**棱台**（如图 4-50）.

（1）截面叫作**棱台的上底面**.

（2）原棱锥的底面叫作**棱台的下底面**.

（3）其他各面叫作**棱台的侧面**.

（4）两个相邻侧面的公共边叫作**棱台的侧棱**.

（5）侧面与底面的公共点叫作**棱台的顶点**.

（6）不在同一平面内的两个顶点的连线叫作**棱台的对角线**.

（7）两底面之间的距离叫作**棱台的高**.

（8）经过棱台不相邻的两条侧棱的截面叫作**棱台的对角面**.

在图 4-50 所示的棱台中，多边形 $A_1B_1C_1D_1E_1$ 和 $ABCDE$ 是上、下底面，四边形 ABB_1A_1、BCC_1B_1 等是侧面，AA_1、BB_1 等是侧棱，A、A_1、B、B_1 等是顶点，AC_1 是对角线，OO_1 是高，四边形 EBB_1E_1 等是对角面.

棱台可用表示上下底面的各顶点字母来表示，如图 4-50 所示的棱台，记作棱台 $ABCDE - A_1B_1C_1D_1E_1$，也可以用表示棱台对角线的端点的字母来表示，如棱台 AC_1.

由三棱锥、四棱锥……截成的棱台分别叫作三棱台、四棱台……由正棱锥截成的棱台叫作正棱台.

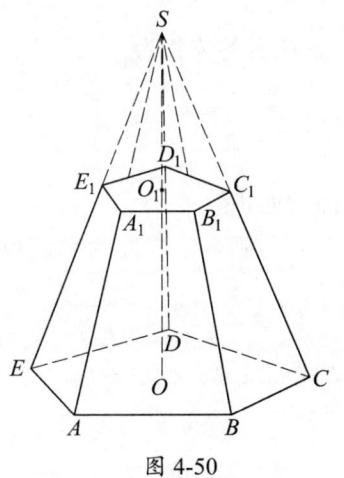

图 4-50

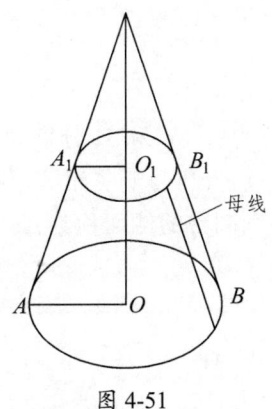

图 4-51

圆锥被一个平行于底面的平面所截，截面与底面之间的部分叫作**圆台**（图 4-51）. 圆台也可以看作由一个直角梯形（如 AOO_1A_1）绕垂直于底面边的腰（O_1O）旋转一周所形成的旋转体.

（1）这条腰所在的直线 O_1O 是**圆台的轴**.

（2）梯形两底 O_1A_1 和 OA 旋转而成的两圆面分别叫作**圆台的上底面和下底面**.

（3）另一腰 A_1A 旋转而成的曲面叫作**圆台的侧面**.
（4）A_1A 在旋转过程中所在的各个不同位置叫作**圆台的母线**.
（5）两底面之间的距离 O_1O 叫作**圆台的高**.

圆台可以用表示它们的轴的字母来表示，如图 4-51 所示的圆台，记作圆台 O_1O.

2. 正棱台与圆台的主要性质

正棱台的主要性质有：

（1）正棱台的侧棱相等，侧棱延长后相交于一点，侧面是全等的等腰梯形. 等腰梯形的高叫作正棱台的斜高.
（2）正棱台的两个底面与平行于底面的截面是相似正多边形.
（3）正棱台两个底面中心的连线垂直于底面，这条连线是棱台的高.
（4）正棱台两底面中心的连线、相应的边心距和斜高组成一个直角梯形；两底面中心的连线、侧棱和两底面中心到相应的顶点的连线组成一个直角梯形.

圆台的主要性质有：

（1）圆台的轴经过两个底面的圆心，且垂直于两个底面.
（2）平行于圆台底面的截面是圆面.
（3）轴截面是一个等腰梯形，它的两腰是圆台的母线，两底分别是圆台的两个底面的直径.

3. 正棱台与圆台的侧面积和体积

设正 n 棱台上底面的边长为 a_1，下底面的边长为 a，斜高为 $h_{斜}$，上、下底面的周长分别为 c_1 和 c，则正 n 棱台的侧面积为：

$$S_{正棱台侧}=n\cdot\frac{1}{2}(a_1+a)h_{斜}=\frac{1}{2}(c_1+c)h_{斜}.$$

棱台的体积可以看成两个棱锥体积的差，因此，正棱台的体积为：

$$V_{正棱台}=\frac{1}{3}h(S_上+S_下+\sqrt{S_上 S_下}),$$

其中 h 为棱台的高，$S_上$ 和 $S_下$ 分别为棱台的上、下底面的面积.

设 r_1、c_1 分别为圆台上底面的半径和周长；r、c 分别为圆台下底面的半径和周长；l 为圆台的母线长，则圆台的侧面积为：

$$S_{圆台侧}=\frac{1}{2}(c_1+c)l=\pi(r_1+r)l.$$

圆台的体积为：

$$V_{圆台}=\frac{1}{3}h(S_上+S_下+\sqrt{S_上 S_下})=\frac{1}{3}\pi h(r_上^2+r_下^2+r_上\cdot r_下),$$

其中 $r_上$、$S_上$ 分别为圆台的上底面半径和面积；$r_下$、$S_下$ 分别为圆台的下底面半径和面积；h 为圆台的高.

注：正棱台和圆台的体积公式适用于任何台体的体积计算.

例 5 如图 4-52 所示，正四棱台 AC_1 的高是 17 cm，两底面边长分别是 4 cm 和 16 cm，求这个棱台的侧面积和体积.

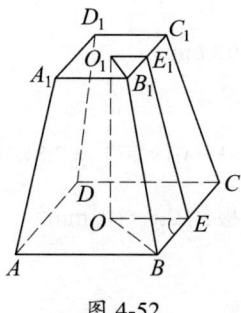

图 4-52

解：设正四棱台 AC_1 两底面的中心分别是 O 和 O_1，连结 OO_1，则 OO_1 为棱台的高，即 $OO_1=17$ cm.

E_1、E 分别为 B_1C_1 和 BC 的中点，连结 E_1E，则 E_1E 为棱台的斜高.

连结 O_1E_1、OE，则 O_1OEE_1 为直角梯形.

因为两个底面 $ABCD$、$A_1B_1C_1D_1$ 都是正方形，且 $BC=16$ cm，$B_1C_1=4$ cm，

所以 $OE=8$ cm，$O_1E_1=2$ cm.

在直角梯形 O_1OEE_1 中，

$$E_1E=\sqrt{O_1O^2+(OE-O_1E_1)^2}=\sqrt{17^2+(8-2)^2}=5\sqrt{3}\ \text{cm},$$

则正四棱台的侧面积为

$$S_{正棱台侧}=n\cdot\frac{1}{2}(a_1+a)h_{斜}=4\times\frac{1}{2}(4+16)\times 5\sqrt{3}=200\sqrt{3}\ \text{cm}^2.$$

正四棱台的体积为

$$V_{正棱台}=\frac{1}{3}h(S_{上}+S_{下}+\sqrt{S_{上}S_{下}})=\frac{1}{3}\times 17\times(4^2+16^2+\sqrt{4^2\times 16^2})=1904\ \text{cm}^3.$$

所以正四棱台的侧面积为 $200\sqrt{3}\ \text{cm}^2$，体积为 $1904\ \text{cm}^3$.

例6 粉碎机的下料斗是一个图 4-53 所示的正四棱台，它的两个底面的边长分别是 80 mm 和 440 mm，高是 200 mm，试计算制造这样一个下料斗所需铁板的面积（保留两位有效数字）.

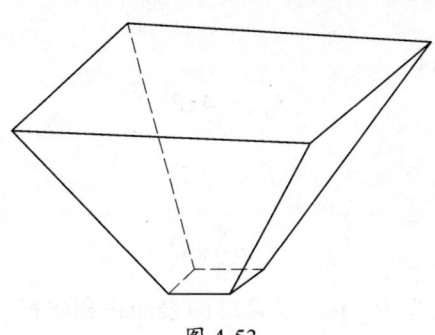

图 4-53

解：下底面的周长 $c=80\times 4=320$ mm，

上底面的周长 $c_1 = 440 \times 4 = 1760$ mm,

$$h_{斜} = \sqrt{200^2 + \left(\frac{440-80}{2}\right)^2} \approx 269 \text{ mm}.$$

$$S_{正棱台侧} = \frac{1}{2}(c_1 + c)h_{斜} = \frac{1}{2}(320 + 1760) \times 269 \approx 2.8 \times 10^5 \text{ mm}^2.$$

答：制造一个这样的下料斗需铁板约 $2.8 \times 10^5 \text{ mm}^2$.

课堂练习

圆台的两个底面半径分别为 4 cm 和 6 cm，母线长 5 cm，求圆台的轴截面面积和体积.

*四、球

1. 球的概念

如图 4-54 所示，半圆绕着它的直径旋转一周所得的曲面称为**球面**. 球面所围的几何体称为**球**. 半圆的圆心称为**球心**. 连结球心和球面上任意一点的线段称为**球的半径**. 连结球面上两点且过球心的线段称为**球的直径**.

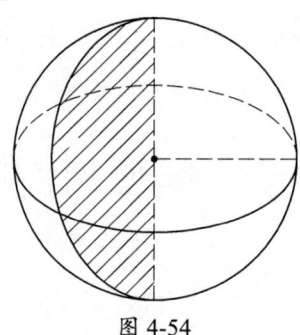

图 4-54

2. 球的主要性质

（1）球的截面是圆，过球心的截面圆面积最大，该圆称为**球的大圆**；
（2）球的切平面（与球只有一个公共点的平面）垂直于过切点的球的半径；
（3）球的切线（与球只有一个公共点的直线）垂直于过切点的球的半径.

3. 球面的面积

设球面的半径为 R，则面积

$$S_{球面} = 4\pi R^2.$$

4. 球面的体积

设球的半径为 R，则体积

$$V_{球} = \frac{4}{3}\pi R^3.$$

例 7 已知一个球的直径为 10 cm，求该球的表面积和体积.

解：因为球的半径 $R = \frac{10}{2} = 5$ cm，

所以 $S_{球面} = 4\pi R^2 = 4\pi \times 5^2 = 100\pi \text{ cm}^2$.

所以 $V_{球} = \dfrac{4}{3}\pi R^3 = \dfrac{4}{3}\pi \times 5^3 = \dfrac{500}{3}\pi \text{ cm}^3$.

五、路基土石方体积计算

1. 横断面面积计算

在工程中常常遇到计算横断面面积，一般常用积距法来计算：

积距法的原理是把横断面面积垂直分割成宽度相等的若干条块，由于每一条块的宽度相等，所以在计算面积时，只需量取每一条块的平均高度，然后乘以宽度，即可得出每一条块的面积，如图 4-55 所示.

$A_1 = b \times h_1$，$A_2 = b \times h_2$，$A_3 = b \times h_3$，$\cdots$，$A_i = b \times h_i$，$\cdots$，$A_n = b \times h_n$，

总面积

$$A = \sum A_i = b \times \sum h_i,$$

式中：A——横断面面积，m^2；

b——横断面所分成的三角形或梯形条块的平均宽度，通常用 1 m 或 2 m；

h——横断面所分成的三角形或梯形条块的平均高度，m.

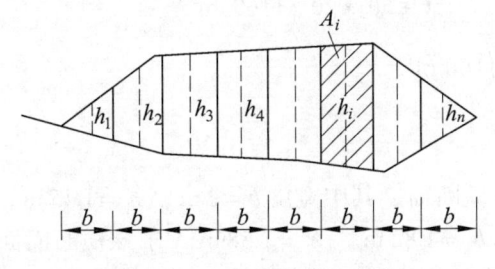

图 4-55　积距法计算示意图

由此可见，用积距法求面积实际上是在实际操作中转化为量取 h_i 的累加值，这种操作可以用分规按顺序连续量取每一条块的平均高度 h_i，分规最后的累计高度就是 $\sum h_i$，将条块宽度乘以累计高度 $\sum h_i$，即为填或挖的面积. 积距法也可以用厘米格纸拆成窄条作为量尺，每量一次 h_i 在窄条上画好标记，从开始到最后标记的累计距离就是 $\sum h_i$，然后乘以条块宽度 b，即为所求面积.

例 8　如图 4-55 所示的一横断面，其中宽度 $b = 2 \text{ m}$，$h_1 = 1.5 \text{ m}$，$h_2 = 1.7 \text{ m}$，$h_3 = 1.8 \text{ m}$，$h_4 = 2.0 \text{ m}$，$h_5 = 1.9 \text{ m}$，$h_6 = 1.8 \text{ m}$，$h_7 = 1.6 \text{ m}$，求该横断面面积.

解：由 $A = \sum A_i = b \times \sum h_i$ 得

$$A = \sum A_i = b \times \sum h_i = 2 \times \sum (1.5+1.7+1.8+2.0+1.9+1.8+1.6)$$
$$= 2 \times 12.3 = 24.6 \text{ m}^2.$$

则该横断面的面积为 24.6 m^2.

2. 填挖方体积计算

假定两相邻断面组成一棱柱体，如图 4-56 所示，两断面即为棱柱体的上底和下底，中线距离即为棱柱的高，其体积为

$$V = \frac{1}{2}(A_1 + A_2)L,$$

式中：V ——两断面间的体积，m^3，

A_1、A_2 ——横断面填或挖的面积，m^2；

L ——两端面间的中线距离，m.

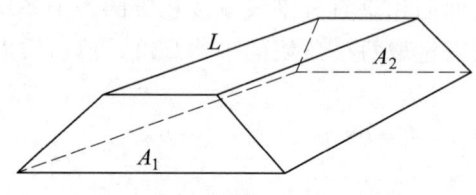

图 4-56　土石方计算示意图

例 9　挖如图 4-56 所示的一渠道，假定所挖两相邻断面组成的是一棱柱体，两断面即为棱柱体的上底和下底，其上、下底面积分别为 56 m^2、60 m^2，渠道长 L 为 20 m，求该渠道的土方量是多少？

解：$V = \frac{1}{2}(A_1 + A_2)L = \frac{1}{2} \times (56+60) \times 20 = 1160\ m^3,$

则该渠道的土方量是 1160 m^3.

课堂练习

1. 如图 4-55 所示的一横断面，其中宽度 $b = 2\ m$，$h_1 = 1.45\ m$，$h_2 = 1.69\ m$，$h_3 = 1.81\ m$，$h_4 = 2.11\ m$，$h_5 = 1.89\ m$，$h_6 = 1.82\ m$，$h_7 = 1.58\ m$，求该横断面面积.

2. 挖一渠道，假定所挖两相邻断面组成的是一棱柱体，两断面即为棱柱体的上底和下底，其上、下底面积分别为 76 m^2、84 m^2，渠道长 L 为 20 m，求该渠道的土方量是多少？

知识回顾

本章主要内容有：平面及其基本性质，直线和直线的位置关系，直线和平面的位置关系，平面和平面的位置关系，空间图形的有关计算.

一、平面及其基本性质

1. 平面
形如窗玻璃面、桌面、平静水面等平整的面，但平面是无限延展的.

2. 三个公理
公理 1：如果一条直线上有两个点在一个平面内，那么这条直线在这个平面内.

公理2：如果两个平面有一个公共点，那么它们有且只有一条经过这个点的公共直线．
公理3：不共线（不在同一条直线上）的三个点确定一个平面．

3. **三个推论**

推论1：一条直线和直线外一点确定一个平面．
推论2：两条相交直线确定一个平面．
推论3：两条平行直线确定一个平面．

二、直线和直线的位置关系

1. **位置关系**

空间两条不重合直线的位置关系有且只有平行、相交、异面三种．

2. **直线和直线平行**

公理4：平行于同一条直线的两条直线互相平行．
等角定理：如果一个角的两边和另一个角的两边分别平行且方向相同，那么这两个角相等．

三、直线和平面的位置关系

1. **位置关系**

空间直线和平面的位置关系有且只有在内、相交、平行三种．

2. **直线和平面平行**

判定定理：如果平面外一条直线与这个平面内的一条直线平行，则这条直线与这个平面平行．
性质定理：如果一条直线与一个平面平行，经过这条直线的平面与这个平面相交，则这条直线就与交线平行．

3. **直线和平面垂直**

判定定理：如果一条直线与一个平面内的两条相交直线都垂直，那么这条直线垂直于这个平面．
性质定理：如果两条直线同垂直于一个平面，那么这两条直线平行．
三垂线定理：在平面内的一条直线，如果和这个平面的一条斜线的射影垂直，那么它也和这条斜线垂直．
三垂线定理的逆定理：在平面内的一条直线，如果和这个平面的一条斜线垂直，那么它也和这条斜线的射影垂直．

四、平面和平面的位置关系

1. **位置关系**

两个不重合平面的位置关系有且只有平行、相交两种．

2. **平面和平面平行**

判定定理：如果一个平面内有两条相交直线都平行于另一个平面，那么这两个平面平行．

推论1：如果一个平面内的两条相交直线分别平行于另一个平面内的两条直线，那么这两个平面平行．

推论2：垂直于同一条直线的两个平面平行．

性质定理：如果两个平面同时和第三个平面相交，那么它们的交线平行．

3. 平面和平面垂直

判定定理：如果一个平面经过另一个平面的垂线，那么这两个平面互相垂直．

性质定理：如果两个平面垂直，那么在一个平面内垂直于它们交线的直线垂直于另一个平面．

推论1：如果两个平面互相垂直，那么经过第一个平面内的一点且垂直于第二个平面的直线，在第一个平面内．

推论2：如果两个相交平面都和第三个平面垂直，那么它们的交线也和第三个平面垂直．

五、空间图形的有关计算

常见的柱、锥、台、球及其有关空间图形的面积和体积公式如下表所示．

	面积公式	体积公式
柱	$S_{直棱柱侧} = ch$； $S_{圆柱侧} = ch = 2\pi rh$	$V_{直棱柱} = S_{底} \times h$； $V_{圆柱} = S_{底} \times h = \pi r^2 h$
锥	$S_{正棱锥侧} = \frac{1}{2}ch' = \frac{1}{2}nah'$； $S_{圆锥侧} = \frac{1}{2}ch' = \pi rh'$	$V_{正棱锥} = \frac{1}{3}S_{底}h$； $V_{圆锥} = \frac{1}{3}S_{底}h = \frac{1}{3}\pi r^2 h$
台	$S_{正棱台侧} = \frac{1}{2}(c_1 + c)h_{斜}$； $S_{圆台侧} = \pi(r_1 + r)l$	$V_{正棱台} = \frac{1}{3}h(S_{上} + S_{下} + \sqrt{S_{上}S_{下}})$； $V_{圆台} = \frac{1}{3}\pi h(r_{上}^2 + r_{下}^2 + r_{上} \cdot r_{下})$
球	$S_{球面} = 4\pi R^2$	$V_{球} = \frac{4}{3}\pi R^3$

第五章　平面解析几何

第一节　坐标法的简单应用

借助坐标系研究几何图形的方法称为**坐标法**. 作为这一章的基础, 本节先利用坐标法来研究几个简单而又重要的问题.

一、数轴上有向线段的数量

我们知道, 规定了方向（即规定了起点和终点）的线段称为**有向线段**. 在直角坐标平面上, 如果平行于坐标轴的有向线段的方向与坐标轴的正方向一致, 则规定这条有向线段的方向是正的, 否则是负的.

一条有向线段的长度, 连同表示它的方向的正负号, 称为这条**有向线段的数量**. 表示有向线段的数量时, 要把起点的字母写在前面, 终点的字母写在后面. 如图 5-1 所示, 以 P_1 为起点、P_2 为终点的有向线段的数量记作 P_1P_2, 它的长度记作 $|P_1P_2|$. 显然, $|P_1P_2|=|P_2P_1|$, 但 $P_1P_2=-P_2P_1$.

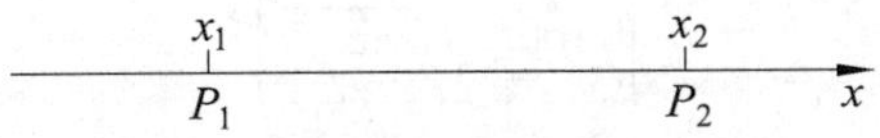

图 5-1

在图 5-1 所示的数轴上, 设点 P_1 的坐标为 x_1、点 P_2 的坐标为 x_2, 则这条有向线段的数量 P_1P_2 等于 x_2-x_1, 即

$$P_1P_2 = x_2 - x_1.$$

由此公式得数轴上两点 P_1 与 P_2 的距离:

$$|P_1P_2| = |x_2 - x_1|.$$

例 1　设数轴上点 P_1 的坐标为 3、点 P_2 的坐标为 -4, 求有向线段的数量 P_1P_2 和它的长度 $|P_1P_2|$.

解: 所求数量为 $P_1P_2 = x_2 - x_1 = -4 - 3 = -7$;

所求长度为 $|P_1P_2| = |x_2 - x_1| = |-7| = 7$.

课堂练习

已知数轴上 A、B、C 三点的坐标依次为 -5、3、2, 则有向线段的数量 $AB=$ _____, $BA=$ _____, $BC=$ _____, $CA=$ _____.

二、两点间的距离公式

如图 5-2 所示，设 $P_1(x_1,y_1)$ 和 $P_2(x_2,y_2)$ 是直角坐标平面上的两个已知点，过 P_1、P_2 分别作 x 轴、y 轴的平行线且相交于 Q，则点 Q 的坐标为 (x_2,y_1).

在 $\mathrm{Rt}\triangle P_1QP_2$ 中，

$$|P_1P_2|^2 = |P_1Q|^2 + |QP_2|^2.$$

因为

$$|P_1Q|^2 = |x_2-x_1|^2 = (x_2-x_1)^2,$$
$$|QP_2|^2 = |y_2-y_1|^2 = (y_2-y_1)^2,$$

所以

$$|P_1P_2|^2 = (x_2-x_1)^2 + (y_2-y_1)^2.$$

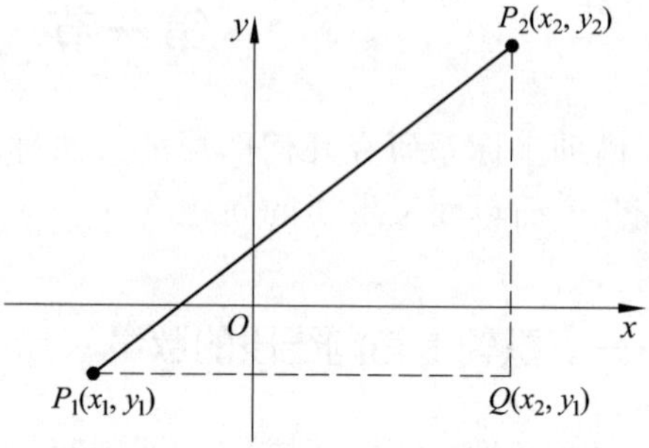

由此即得 $P_1(x_1,y_1)$ 和 $P_2(x_2,y_2)$ **两点间的距离公式**：

$$\boxed{|P_1P_2| = \sqrt{(x_2-x_1)^2 + (y_2-y_1)^2}.}$$

图 5-2

特别地，直角坐标平面上任意一点 $P(x,y)$ 到原点 $O(0,0)$ 的距离为：

$$\boxed{|OP| = \sqrt{x^2 + y^2}.}$$

例 2 冲制如图 5-3 所示的零件时，需要知道三个孔的中心距. 已知三个孔的中心坐标是：$A(-2,4)$，$B(4,0)$，$C(-5,0)$，求三个孔的中心距.

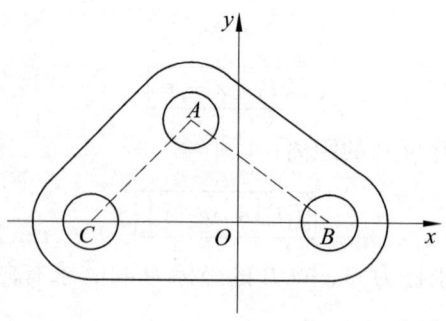

图 5-3

解：由两点间的距离公式得

$$|BA| = \sqrt{(-2-4)^2 + (4-0)^2} = \sqrt{52} = 2\sqrt{13},$$

$$|CA| = \sqrt{(-2+5)^2 + (4-0)^2} = \sqrt{25} = 5,$$

$$|CB| = |4-(-5)| = 9.$$

课堂练习

1. 已知 $P_1(2,3)$，$P_2(-2,4)$，求两点间的距离.
2. 已知 $A(-1,5)$，$B(3,3)$，求两点间的距离.

三、线段的定比分点

定义 如图 5-4 所示，设点 P 在有向线段 P_1P_2 上，并把 P_1P_2 分成两条有向线段 P_1P 和 PP_2. 如果 P_1P 和 PP_2 的数量比恰好等于已知的比值 λ，即 $\dfrac{P_1P}{PP_2}=\lambda$，则称点 P 是按已知比 λ 分割有向线段 P_1P_2 的**定比分点**.

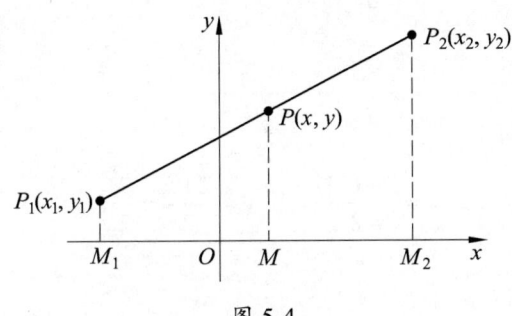

图 5-4

设点 P_1 的坐标为 (x_1,y_1)，点 P_2 的坐标为 (x_2,y_2)，点 P 分有向线段 P_1P_2 所成的定比 $\lambda>0$（$\lambda<0$ 时不讨论），下面求分点 P 的坐标 (x,y).

如图 5-4 所示，过 P_1、P、P_2 分别作 y 轴的平行线，交 x 轴于 M_1、M、M_2. 根据平行截割定理得：

因为 $M_1M=x-x_1$，$MM_2=x_2-x$，所以

$$\lambda=\frac{x-x_1}{x_2-x}.$$

解这个关于 x 的方程，得

$$x=\frac{x_1+\lambda x_2}{1+\lambda}.$$

同理，过 P_1、P、P_2 分别作 x 轴的平行线，可得

$$y=\frac{y_1+\lambda y_2}{1+\lambda}.$$

由此可得，按已知比 λ 分有向线段 P_1P_2 的定比分点 P 的坐标公式：

$$\boxed{x=\frac{x_1+\lambda x_2}{1+\lambda},\quad y=\frac{y_1+\lambda y_2}{1+\lambda}.}$$

当 $\lambda=1$ 时，P 是有向线段 P_1P_2 的中点，由上述公式可得有向线段 P_1P_2 的中点公式：

$$\boxed{x=\frac{x_1+x_2}{2},\quad y=\frac{y_1+y_2}{2}.}$$

例3 已知两点 $P_1(3,2)$、$P_2(-1,5)$，求：

（1）将有向线段 P_1P_2 分成 2∶3 两段的分点 P 的坐标；

（2）有向线段 P_1P_2 的中点 Q 的坐标.

解：（1）因为

$$x_1=3,\ y_1=2,\ x_2=-1,\ y_2=5,\ \lambda=\frac{2}{3},$$

所以

$$x=\frac{3+\frac{2}{3}\times(-1)}{1+\frac{2}{3}}=\frac{7}{5},\ y=\frac{2+\frac{2}{3}\times 5}{1+\frac{2}{3}}=\frac{16}{5},$$

所以，$P\left(\frac{7}{5},\frac{16}{5}\right)$ 为所求分点.

（2）由中点坐标公式得

$$x=\frac{3+(-1)}{2}=1,\ y=\frac{2+5}{2}=\frac{7}{2},$$

所以，$Q\left(1,\frac{7}{2}\right)$ 为所求中点.

例4 已知匀质棒 AB 的中点坐标为 $(5,1)$，端点 A 的坐标为 $(-1,-3)$，求端点 B 的坐标.

解：设端点 B 的坐标为 (x,y)，则由中点坐标公式得

$$5=\frac{-1+x}{2},\ 1=\frac{-3+y}{2}.$$

解得 $x=11$，$y=5$. 所以 $B(11,5)$ 为所求端点.

课堂练习

1. 若 $M(-1,2)$ 是线段 AB 的中点，A 点的坐标为 $(3,6)$，求 B 点的坐标.
2. 已知 $A(-1,5)$，$B(3,3)$，求 A、B 两点的中点坐标.

第二节　直线的方程

一、直线的倾斜角和斜率

设直线与 x 轴相交，如果把 x 轴绕着交点按逆时针方向旋转到与直线重合时所转过的最小正角记作 α，则称 α 是直线的**倾斜角**. 当直线 l 和 x 轴平行或重合时，我们规定它的倾斜角为 $0°$，因此，倾斜角的取值范围是 $0°\leq\alpha<180°$.

直线倾斜角的定义有下面三个要点：

（1）以 x 轴正向作为参考方向（始边）；

（2）直线向上的方向作为终边；

（3）最小正角.

倾斜角不是 90°的直线，它的倾斜角的正切叫作这条直线的**斜率**. 直线的斜率常用 k 表示，即

$$k = \tan\alpha.$$

倾斜角是 90°的直线没有斜率；倾斜角不是 90°的直线都有确定的斜率. 如图 5-5 所示.

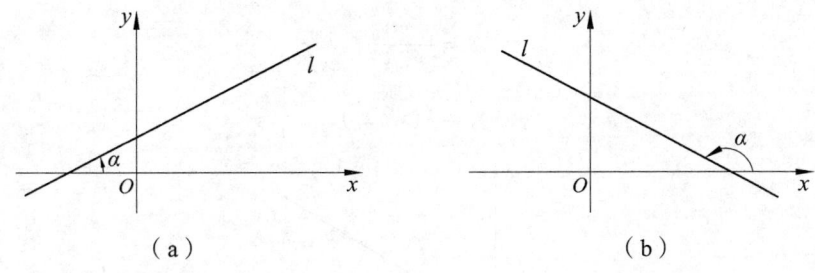

图 5-5

当 α 是锐角时，斜率 $k = \tan\alpha > 0$；当 α 是钝角时，斜率 $k = \tan\alpha < 0$. 这样，利用斜率就可以刻画直线对 x 轴的倾斜程度.

注意：直线与斜率之间的对应不是一一对应，因为垂直于 x 轴的直线没有斜率.

在坐标平面上，已知两点 $P_1(x_1, y_1)$、$P_2(x_2, y_2)$，由于两点可以确定一条直线，直线 P_1P_2 就是确定的. 当 $x_1 \neq x_2$ 时，直线的倾角不等于 90°，这条直线的斜率也是确定的.

经过点 $P_1(x_1, y_1)$、$P_2(x_2, y_2)$ 的直线的**斜率公式**：

$$k = \frac{y_2 - y_1}{x_2 - x_1}.$$

例 1 已知两个点 $A(-2, 0)$、$B(-5, 3)$ 在直线 l 上，求直线 l 的斜率 k 和倾斜角 α.

解：由斜率公式得 $k = \dfrac{3 - 0}{-5 - (-2)} = -1$，

即 $\tan\alpha = -1$.

因为 $0 \leqslant \alpha < \pi$，

所以 $\alpha = \dfrac{3\pi}{4}$.

课堂练习

1. 已知两点 $A(0, -2)$、$B(3, -5)$ 在直线 l 上，求直线 l 的斜率 k 和倾斜角 α.
2. 已知两点 $A(3, 2)$、$B(-2, -4)$ 在直线 l 上，求直线 l 的斜率 k 和倾斜角 α.

二、直线方程的几种形式

根据已知条件求直线的方程，常常利用下面几种形式.

1. 点斜式

若直线 l 经过点 $P_0(x_0, y_0)$，且 l 的斜率为 k，则直线 l 的方程为：

$$y - y_0 = k(x - x_0).$$

上式是由直线上一个已知点和直线的斜率确定的，所以称为直线的**点斜式方程**（简称点斜式）.

证明：如图 5-6 所示，设 $P(x,y)$ 是 l 上异于点 $P_0(x_0,y_0)$ 的任意一点，由斜率公式知

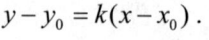

即
$$y - y_0 = k(x - x_0).$$

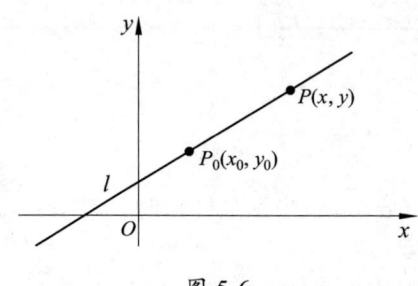

图 5-6

例 2 求经过点 $(-\sqrt{3},3)$ 且倾斜角为 $\dfrac{\pi}{6}$ 的直线的方程.

解：因为直线过点 $(-\sqrt{3},3)$，斜率
$$k = \tan\dfrac{\pi}{6} = \dfrac{\sqrt{3}}{3},$$

代入点斜式，得
$$y - 3 = \dfrac{\sqrt{3}}{3}(x + \sqrt{3}),$$

即
$$\sqrt{3}x - 3y + 12 = 0.$$

课堂练习

求经过点 $(3,-\sqrt{3})$ 且倾斜角为 $\dfrac{\pi}{3}$ 的直线的方程.

注 1：如图 5-7 所示，当直线与 x 轴平行时，直线的倾角为 $0°$，斜率 $k=0$，如果点 B 的坐标为 $(0,b)$，则直线的方程是 $y=b$.

特别地，当 $b=0$ 时，可得 x 轴的方程 $y=0$.

图 5-7　　　　　　　　　图 5-8

注 2：如图 5-8 所示，当直线的倾角为 $90°$ 时，直线的斜率不存在，它的方程不能用点斜

式表示．但因 l 上每一点的横坐标都等于 a，所以它的方程是 $x=a$．

特别地，当 $a=0$ 时，可得 y 轴的方程 $x=0$．

如果某一条直线 l 与 x 轴交于点 $A(a,0)$、与 y 轴交于点 $B(0,b)$，则称 a 和 b 分别是直线 l 的**横截距**和**纵截距**．

2. 斜截式

若直线 l 的斜率为 k，纵截距为 b，则直线 l 的方程为：

$$\boxed{y=kx+b.}$$

它是由直线的斜率和它在 y 轴上的截距确定的，所以称为直线的**斜截式方程**（简称**斜截式**）．

证明：由于直线 l 的斜率为 b，点 $B(0,b)$ 在直线 l 上，所以由点斜式得

$$y-b=k(x-0)，$$

即

$$y=kx+b.$$

3. 两点式

若直线 l 经过两点 $P_1(x_1,y_1)$、$P_2(x_2,y_2)$ $(x_2\neq x_1,y_2\neq y_1)$，则直线 l 的方程为

$$\boxed{\frac{y-y_1}{y_2-y_1}=\frac{x-x_1}{x_2-x_1}.}$$

上式是由直线上两个点确定的，所以称为直线的**两点式方程**（简称**两点式**）．

例3　求经过下列两点的直线的两点式方程，并化成斜截式：

（1）$A(2,3)$、$B(8,2)$；　　　（2）$A(-2,2)$、$B(3,-1)$．

解：（1）将 A、B 两点代入两点式方程 $\dfrac{y-y_1}{y_2-y_1}=\dfrac{x-x_1}{x_2-x_1}$，得

$$\frac{y-3}{2-3}=\frac{x-2}{8-2}.$$

化简得

$$y=-\frac{1}{6}x+\frac{10}{3}.$$

（2）将 A、B 两点代入两点式方程 $\dfrac{y-y_1}{y_2-y_1}=\dfrac{x-x_1}{x_2-x_1}$，得

$$\frac{y-2}{-1-2}=\frac{x-(-2)}{3-(-2)}.$$

化简得

$$y=-\frac{3}{5}x+\frac{4}{5}.$$

4. 截距式

若直线 l 的横截距 $a\neq 0$，纵截距 $b\neq 0$，则直线 l 的方程为

$$\frac{x}{a}+\frac{y}{b}=1.$$

上式是由直线上两个截距确定的，所以称为直线的**截距式方程**（简称**截距式**）.

5. 一般式

由于上述四种情况都可以简化成 $Ax+By+C=0$ 的形式，又知道：任何二元一次方程在直角坐标平面上的图像都是直线，所以我们把二元一次方程

$$Ax+By+C=0.$$

（其中 A、B 不同时为零）称为直线的**一般式方程**（简称**一般式**）.

讨论：（1）若 $B\neq 0$，则 $Ax+By+C=0$ 可以化为：

$$y=-\frac{A}{B}x-\frac{C}{B}.$$

这是直线的斜截式方程，它表示斜率 $k=-\frac{A}{B}$、纵截距 $b=-\frac{C}{B}$ 的一条直线.

（2）若 $B=0$，则必有 $A\neq 0$，此时 $Ax+By+C=0$ 可以化为：

$$x=-\frac{C}{A}.$$

它表示横截距 $a=-\frac{C}{A}$ 且与 y 轴平行或重合的一条直线.

今后我们把"方程 $Ax+By+C=0$"与"直线 $Ax+By+C=0$"这两种说法不加以区别，有时也把一次方程称为线性方程.

由于线性方程中未知数的最高次数为一次，因此线性方程又称为线性函数. 上面几种形式的直线方程都表示线性函数.

例 4 把直线 l 的方程 $4x+3y-12=0$ 化为斜截式，求出直线 l 的斜率和两个截距，并画出直线 l.

解：将原方程移项得

$$3y=-4x+12.$$

等式两边各项同除以 3，得斜截式

$$y=-\frac{4}{3}x+4.$$

由此即知，直线 l 的斜率 $k=-\frac{4}{3}$，纵截距 $b=4$.

在上面的方程中，令 $y=0$，得 $x=3$，即直线 l 的横截距 $a=3$.

由上面已求得的两个截距知，点 $A(3,0)$、$B(0,4)$ 在直线 l 上，于是过 A、B 两点画直线即为所求，如图 5-9 所示.

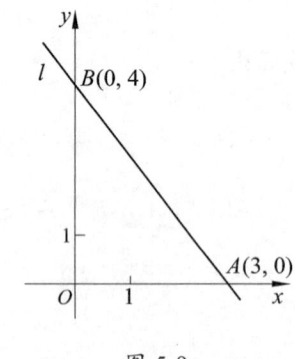

图 5-9

课堂练习

1. 把直线 l 的方程 $3x+4y-10=0$ 化为斜截式，求出直线 l 的斜率和两个截距，并画出直线 l.

2. 把直线 l 的方程 $5x+7y-6=0$ 化为斜截式，求出直线 l 的斜率和两个截距，并画出直线 l.

第三节　两条直线的位置关系

一、两条直线平行或垂直

1. 两条直线平行

设直线 l_1 和 l_2 的倾斜角分别为 α_1 和 α_2，斜率分别为 k_1 和 k_2，纵截距分别为 b_1 和 b_2 ($b_1 \neq b_2$)，则它们的方程分别为：

$$l_1 : y = k_1 x + b_1,$$

$$l_2 : y = k_2 x + b_2.$$

如图 5-10 所示，如果 $l_1 \parallel l_2$，则 $\alpha_1 = \alpha_2$，于是 $\tan\alpha_1 = \tan\alpha_2$，即 $k_1 = k_2$；反之，如果 $k_1 = k_2$，即 $\tan\alpha_1 = \tan\alpha_2$，因为 $0 \leqslant \alpha_1 < \pi$，$0 \leqslant \alpha_2 < \pi$，所以 $\alpha_1 = \alpha_2$，于是 $l_1 \parallel l_2$.

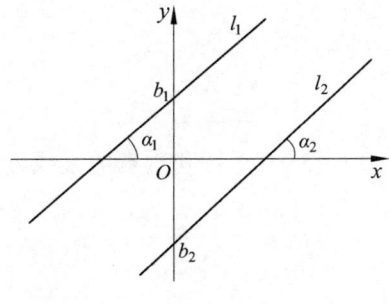

图 5-10

也就是说，对于两条有斜率且不重合的直线，如果它们平行，则斜率相等；反之，如果它们的斜率相等，则它们平行. 即

$$\boxed{l_1 \parallel l_2 \Leftrightarrow k_1 = k_2 \ (b_1 \neq b_2)\,.}$$

例 1　求经过点 $(-2,3)$ 且与直线 $3x-5y+6=0$ 平行的直线方程.

解：已知直线的斜率 $k_1 = -\dfrac{A}{B} = \dfrac{3}{5}$.

因为所求直线与已知直线平行，

所以所求直线的斜率 $k_2 = \dfrac{3}{5}$.

因为所求直线经过点 $(-2,3)$，

则由点斜式可得所求直线的方程：$y - 3 = \dfrac{3}{5}(x+2)$，

即 $3x - 5y + 21 = 0$.

2. 两条直线垂直

设直线 l_1、l_2 的斜率是 k_1、k_2，如果 $l_1 \perp l_2$，即：$k_2 = -\dfrac{1}{k_1}$ 或 $k_1 \cdot k_2 = -1$；反过来，同样成立．

也就是说，对于两条有斜率的直线：如果它们互相垂直，则它们的斜率互为负倒数；反之，如果它们的斜率互为负倒数，则它们互相垂直．即

$$l_1 \perp l_2 \Leftrightarrow k_1 \cdot k_2 = -1.$$

例 2 求经过点 $(-2,3)$ 且与直线 $3x-5y+6=0$ 垂直的直线方程．

解：已知直线的斜率 $k_1 = -\dfrac{A}{B} = \dfrac{3}{5}$．

因为所求直线与已知直线垂直，

所以所求直线的斜率 $k_2 = -\dfrac{1}{k_1} = -\dfrac{5}{3}$．

因为所求直线经过点 $(-2,3)$．

则由点斜式可得所求直线的方程：$y-3=-\dfrac{5}{3}(x+2)$，

即 $5x+3y+1=0$．

课堂练习

求经过点 $(3,-2)$ 且与直线 $3x+y-5=0$ 平行和垂直的直线方程．

二、两条直线的夹角

两条直线 l_1 与 l_2 相交成四个角，它们是两对对顶角．为了区别，我们有下述定义．

定义 两条直线相交（但不垂直）成的锐角，称为这**两条直线的夹角**．若两条直线的方程分别为：

$$l_1 : y = k_1 x + b_1,$$
$$l_2 : y = k_2 x + b_2,$$

则它们所成的角

$$\tan\varphi = \left|\dfrac{k_2 - k_1}{1 + k_2 k_1}\right|.$$

这就是求两条直线夹角的公式．

当直线 $l_1 \perp l_2$ 时，则说 l_1 与 l_2 的夹角是 $90°$．

例 3 已知两条直线 $l_1 : x-2y-10=0$，$l_2 : 3x-y+2=0$，求 l_1 与 l_2 的夹角 φ．

解：由两条已知直线的方程得

$$k_1 = -\dfrac{A_1}{B_1} = -\dfrac{1}{-2} = \dfrac{1}{2},$$

$$k_2 = -\dfrac{A_2}{B_2} = -\dfrac{3}{-1} = 3.$$

因为
$$\tan\varphi = \left|\frac{k_2-k_1}{1+k_2k_1}\right| = \left|\frac{3-\frac{1}{2}}{1+3\times\frac{1}{2}}\right| = 1,$$
所以 l_1 与 l_2 的夹角 $\varphi = 45°$.

课堂练习

求直线 $3x-2y-1=0$ 与直线 $2x-y+4=0$ 的夹角.

三、两条直线的交点

设两条直线的方程分别为：
$$l_1: A_1x+B_1y+C_1=0,$$
$$l_2: A_2x+B_2y+C_2=0.$$

如果 l_1 与 l_2 相交，交点同时在 l_1 和 l_2 上，所以交点的坐标必定是这两个方程的唯一公共解；反之，如果这两个二元一次方程有唯一公共解，则以这个解为坐标的点必定是 l_1 和 l_2 的交点. 因此，两条直线是否有交点，只要看由这两条直线的方程构成的方程组

$$\begin{cases} A_1x+B_1y+C_1=0 \\ A_2x+B_2y+C_2=0 \end{cases}$$

是否有唯一解即可.

例 4 已知两条直线 $l_1: x-y-3=0$, $l_2: 2x+y+5=0$，求 l_1 和 l_2 的交点.

解： 解方程组
$$\begin{cases} x-y-3=0 \\ 2x+y+5=0 \end{cases},$$

得
$$\begin{cases} x=-\frac{2}{3} \\ y=-\frac{11}{3} \end{cases}.$$

所以 l_1 和 l_2 的交点为 $\left(-\frac{2}{3}, -\frac{11}{3}\right)$.

课堂练习

求直线 $x-2y-10=0$ 与直线 $3x-y+2=0$ 的交点.

四、点到直线的距离

如果点 $P_0(x_0, y_0)$ 在直线 $l: Ax+By+C=0$ 外，可以证明（具体从略）点到直线的距离

$$d = \frac{|Ax_0 + By_0 + C|}{\sqrt{A^2 + B^2}}.$$

例 5 求点 $A(2,2)$ 到直线 $3x+y-3=0$ 的距离.

解：点到直线的距离为 $d = \frac{|Ax_0 + By_0 + C|}{\sqrt{A^2 + B^2}} = \frac{|3 \times 2 + 2 - 3|}{\sqrt{3^2 + 1}} = \frac{\sqrt{10}}{2}$.

课堂练习

1. 求点 $A(2,4)$ 到直线 $3x+y-3=0$ 的距离.
2. 求点 $A(-3,-4)$ 到直线 $5x+2y-6=0$ 的距离.

第四节 圆

一、圆的概念

我们在初中几何里学过，在平面内，到一个定点的距离等于定长的点集称为**圆**. 定点称为**圆心**，定长称为**半径**.

二、圆的标准方程

如图 5-11 所示，求以点 $C(a,b)$ 为圆心，以 r 为半径的圆的方程.

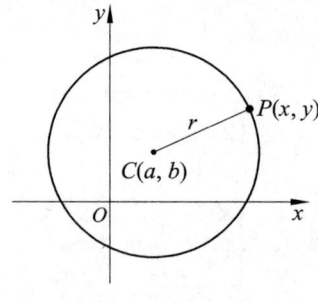

图 5-11

设 $P(x,y)$ 是圆上任意一点，则由圆的定义得

$$|PC| = r;$$

又由两点间的距离公式得

$$|PC| = \sqrt{(x-a)^2 + (y-b)^2}.$$

所以

$$\sqrt{(x-a)^2 + (y-b)^2} = r.$$

两边平方，得

$$(x-a)^2+(y-b)^2=r^2.$$

这个方程称为**圆的标准方程**，它的圆心在点 $C(a,b)$，半径为 r.

如果圆心在坐标原点，这时 $a=0$，$b=0$，于是圆的方程为：

$$x^2+y^2=r^2.$$

例 1 求以点 $C(3,-5)$ 为圆心，以 6 为半径的圆的方程，并确定点 $P_1(4,-3)$、$P_2(3,1)$、$P_3(-3,-4)$ 与这个圆的位置关系.

解：把已知条件代入圆的标准方程，得

$$(x-3)^2+(y+5)^2=6^2.$$

因为

$$|P_1C|=\sqrt{(4-3)^2+(-3+5)^2}=\sqrt{5}<6,$$

所以点 $P_1(4,-3)$ 在圆内；

因为

$$|P_2C|=\sqrt{(3-3)^2+(1+5)^2}=6,$$

所以，点 $P_2(3,1)$ 在圆上；

因为

$$|P_3C|=\sqrt{(-3-3)^2+(-4+5)^2}=\sqrt{37}>6,$$

所以，点 $P_3(-3,-4)$ 在圆外.

其几何意义如图 5-12 所示.

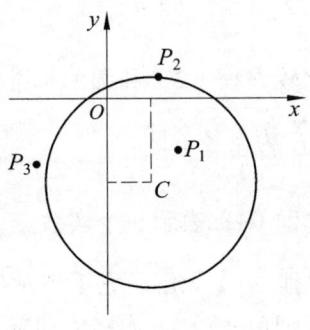

图 5-12

例 2 已知点 $A(4,9)$、$B(6,3)$，求以线段 AB 为直径的圆的方程，并求该圆的周长和面积.

解：圆心就是 AB 的中点 O，则

$$a=\frac{4+6}{2}=5,\quad b=\frac{9+3}{2}=6.$$

即 $O(5,6)$.

圆的半径

$$r = \frac{|AB|}{2} = \frac{\sqrt{(4-6)^2 + (9-3)^2}}{2} = \frac{\sqrt{40}}{2} = \sqrt{10}.$$

则圆的标准方程为

$$r = (x-5)^2 + (y-6)^2 = 10.$$

周长 $c = 2\pi r = 2\sqrt{10}\pi.$

面积 $S = \pi r^2 = 10\pi.$

课堂练习

1. 求以点 $C(-5,3)$ 为圆心，以 5 为半径的圆的方程，并确定点 $P_1(4,-3)$、$P_2(3,1)$、$P_3(-3,-4)$ 与这个圆的位置关系.

2. 已知点 $A(0,-4)$、$B(-2,0)$，求以线段 $A(4,9)$、$B(6,3)$ 为直径的圆的方程，并求该圆的周长和面积.

三、圆的一般方程

圆的一般方程的形式为：

$$x^2 + y^2 + Dx + Ey + F = 0. \tag{1}$$

方程的特征：

（1）x^2 和 y^2 的系数非零且相等；

（2）二次项 xy（简称**交叉项**）的系数等于零.

将（1）式配方，得

$$\left(x + \frac{D}{2}\right)^2 + \left(y + \frac{E}{2}\right)^2 = \frac{D^2 + E^2 - 4F}{4}. \tag{2}$$

（1）当 $D^2 + E^2 - 4F > 0$ 时，比较方程（2）和圆的标准方程，可以看出方程（1）表示以 $\left(-\frac{D}{2}, -\frac{E}{2}\right)$ 为圆心、$\frac{1}{2}\sqrt{D^2 + E^2 - 4F}$ 为半径的圆；

（2）当 $D^2 + E^2 - 4F = 0$ 时，方程（1）表示一个实数点，点的坐标为 $\left(-\frac{D}{2}, -\frac{E}{2}\right)$；

（3）当 $D^2 + E^2 - 4F < 0$ 时，方程（1）无解，它不表示任何图形.

例 3 判断方程 $4x^2 + 4y^2 - 12x + 16y - 75 = 0$ 表示的曲线形状.

解：把已知方程两边的各项同除以 4，得

$$x^2 + y^2 - 3x + 4y - \frac{75}{4} = 0.$$

等式左边配方，得

$$\left(x - \frac{3}{2}\right)^2 + (y+2)^2 = 25.$$

与圆的标准方程比较知，它表示圆心在点 $\left(\dfrac{3}{2},-2\right)$、半径为 5 的圆.

四、圆的周长、面积及弦长、弦切角的计算公式

1. 圆的周长的计算

设已知圆的半径为 r，则圆的周长为：

$$\boxed{c=2\pi r.}$$

例 4　已知圆的直径为 10 cm，求该圆的周长.

解：因为圆的直径为 10 cm，

则半径 $r=\dfrac{10}{2}=5\,\text{cm}$.

所以 $c=2\pi r=2\pi\cdot 5=10\pi\,\text{cm}^2$.

所以该圆的周长为 $10\,\text{cm}^2$.

2. 圆的面积的计算

设已知圆的半径为 r，则圆的面积为：

$$\boxed{S=\pi r^2.}$$

例 5　已知圆的直径为 10 cm，求该圆的面积.

解：因为圆的直径为 10 cm，

则半径 $r=\dfrac{10}{2}=5\,\text{cm}$.

所以 $S=\pi r^2=\pi\cdot 5^2=25\pi\,\text{cm}^2$.

所以该圆的面积为 $25\pi\,\text{cm}^2$.

3. 弦长公式

设已知圆的半径为 r，一段弧所对的圆心角为 α，则这段弧所对的弦长为：

$$\boxed{l=2r\sin\dfrac{\alpha}{2}.}$$

例 6　已知圆的直径为 10 cm，一段弧所对的圆心角为 60°，求这段弧所对的弦长.

解：因为圆的直径为 10 cm，

则半径 $r=\dfrac{10}{2}=5\,\text{cm}$.

所以 $l=2r\sin\dfrac{\alpha}{2}=2\times 5\times\sin\dfrac{60°}{2}=10\times\dfrac{1}{2}=5\,\text{cm}$.

所以该弦长为 5 cm.

4. 弦切角的计算

设已知圆的半径为 r，一段弧所对的圆心角为 α，则这段弧起终点的切线与弦所构成的水平夹角，称为弦切角，记作 Δ：

$$\Delta = \frac{\alpha}{2}.$$

课堂练习

1. 已知圆的半径为 6 cm，求该圆的周长和面积.
2. 已知圆的直径为 6 cm，一段弧所对的圆心角为 30°，求这段弧所对的弦长.

第五节 椭 圆

一、椭圆的概念

取两个小钉钉在平板上，其距离为 $2c(c>0)$，再取一段定长为 $2a(a>c)$ 的绳子，绳的两端分别结在两个钉上，如图 5-13 所示，用笔轻轻拉紧绳子，当笔尖顺势在平板上移动一周时，所画的曲线就是一个椭圆.

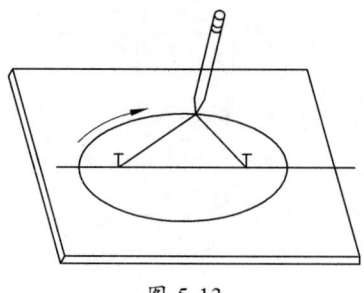

图 5-13

从上面的画图过程可以看出，笔尖在移动过程中，与两钉的距离之和始终等于这条绳子的长度. 下面给出椭圆的定义.

定义 到两个定点的距离之和等于定长的点集，称为**椭圆**. 这两个定点称为椭圆的**焦点**，两个焦点之间的距离称为**焦距**.

二、椭圆的标准方程

如图 5-14 所示，取经过两个焦点 F_1 和 F_2 的直线作 x 轴，线段 F_1F_2 的垂直平分线作 y 轴，建立直角坐标系. 设焦距为 $2c(c>0)$，则两个焦点的坐标分别为 $F_1(-c,0)$、$F_2(c,0)$. 设 $P(x,y)$ 是椭圆上任意一点，则由椭圆的定义知，P 到 F_1 及 F_2 的距离之和为 $2c(c>0)$，即

$$|PF_1|+|PF_2|=2a.$$

由两点间的距离公式得

$$|PF_1| = \sqrt{(x+c)^2+y^2}, \quad |PF_2| = \sqrt{(x-c)^2+y^2}.$$

所以
$$\sqrt{(x+c)^2+y^2} + \sqrt{(x-c)^2+y^2} = 2a.$$

移项，得
$$\sqrt{(x+c)^2+y^2} = 2a - \sqrt{(x-c)^2+y^2}.$$

两边平方，得
$$(x+c)^2+y^2 = 4a^2 - 4a\sqrt{(x-c)^2+y^2} + (x-c)^2+y^2.$$

整理，得
$$a\sqrt{(x-c)^2+y^2} = a^2 - cx.$$

两边再平方，得
$$a^2x^2 - 2a^2cx + a^2c^2 + a^2y^2 = a^4 - 2a^2cx + c^2x^2.$$

再整理，得
$$(a^2-c^2)x^2 + a^2y^2 = a^2(a^2-c^2).$$

由于 $a>c$，所以 $a^2-c^2>0$，于是令 $a^2-c^2=b^2(b>0)$，代入上式，得
$$b^2x^2 + a^2y^2 = a^2b^2.$$

两边同除以 a^2b^2，得
$$\boxed{\frac{x^2}{a^2} + \frac{y^2}{b^2} = 1 \ (a>b>0).}$$

这个方程称为**椭圆的标准方程**. 如图 5-14 所示，它表示焦点在 x 轴上的椭圆，其中 a、b、c 之间的关系是 $c^2 = a^2 - b^2$.

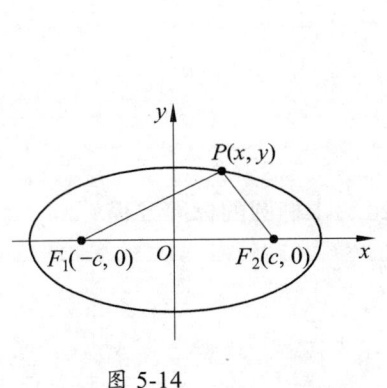

图 5-14

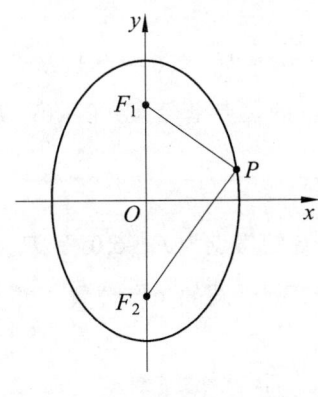

图 5-15

如图 5-15 所示，如果取经过两个焦点 F_1 和 F_2 的直线作 y 轴，线段 F_1F_2 的垂直平分线作 x 轴，用同样的方法，可得椭圆的方程为
$$\boxed{\frac{y^2}{a^2} + \frac{x^2}{b^2} = 1 \ (a>b>0).}$$

这个方程也称为椭圆的标准方程. 如图 5-15 所示, 它表示焦点在 y 轴上的椭圆, 其中 a、b、c 之间的关系仍然是 $c^2 = a^2 - b^2$.

例 1 设椭圆的焦点为 $F_1(-3,0)$、$F_2(3,0)$, $2a=10$, 求椭圆的标准方程.

解: 由题意可知, 椭圆的焦点在 x 轴上, 因此设它的标准方程为

$$\frac{x^2}{a^2} + \frac{y^2}{b^2} = 1 \ (a > b > 0).$$

由于 $c=3$, $a=5$, 根据 $c^2 = a^2 - b^2$, 得

$$b^2 = a^2 - c^2 = 5^2 - 3^2 = 4^2.$$

于是, 所求椭圆的标准方程为

$$\frac{x^2}{5^2} + \frac{y^2}{4^2} = 1.$$

例 2 判断下列椭圆的焦点位置, 并求出焦点坐标:

(1) $\dfrac{x^2}{10} + \dfrac{y^2}{12} = 1$；   (2) $\dfrac{x^2}{6} + \dfrac{y^2}{5} = 1$.

解: (1) 因为 $12 > 10$, 即 y^2 项系数的倒数大于 x^2 项系数的倒数,

所以椭圆的焦点在 y 轴上.

又因为 $a^2 = 12$, $b^2 = 10$,

所以 $c = \sqrt{a^2 - b^2} = \sqrt{12 - 10} = \sqrt{2}$,

所以椭圆的焦点坐标为 $F_1(0, -\sqrt{2})$、$F_2(0, \sqrt{2})$.

(2) 因为 $6 > 5$, 即 x^2 项系数的倒数大于 y^2 项系数的倒数,

所以椭圆的焦点在 x 轴上.

又因为 $a^2 = 6$, $b^2 = 5$,

所以 $c = \sqrt{a^2 - b^2} = \sqrt{6 - 5} = 1$.

所以椭圆的焦点坐标为 $F_1(-1, 0)$、$F_2(1, 0)$.

课堂练习

1. 设椭圆的焦点为 $F_1(-6,0)$、$F_2(6,0)$, $2a=20$, 求椭圆的标准方程.

2. 判断下列椭圆的焦点位置, 并求出焦点坐标:

(1) $\dfrac{x^2}{20} + \dfrac{y^2}{24} = 1$；   (2) $\dfrac{x^2}{18} + \dfrac{y^2}{15} = 1$.

三、椭圆的几何性质

下面根据椭圆的标准方程 $\dfrac{x^2}{a^2} + \dfrac{y^2}{b^2} = 1 \ (a > b > 0)$, 研究椭圆的几何性质.

1. 范　围

由椭圆的标准方程可知，椭圆上任意一点的坐标(x,y)都满足不等式

$$\frac{x^2}{a^2} \leqslant 1, \frac{y^2}{b^2} \leqslant 1.$$

即
$$x^2 \leqslant a^2, y^2 \leqslant b^2,$$

所以
$$-a \leqslant x \leqslant a, -b \leqslant x \leqslant b.$$

这说明，椭圆是在四条直线$x=\pm a$和$y=\pm b$所围的矩形之内，如图5-16所示.

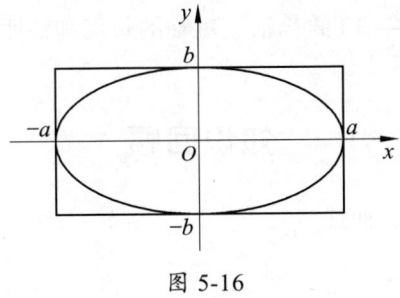

图 5-16

2. 对称性

在椭圆的标准方程中，由于把x换成$-x$、把y换成$-y$、同时把x换成$-x$和把y换成$-y$，方程都不变，所以椭圆关于y轴、x轴、坐标原点都是对称的. 因此，y轴和x轴都是**椭圆对称轴**，坐标原点是**椭圆的对称中心**（简称椭圆的中心）.

3. 顶　点

在椭圆的标准方程中，令$y=0$，得$x=\pm a$，这说明椭圆与x轴相交于两点$A_1(-a,0)$和$A_2(a,0)$；同理，令$x=0$，得$y=\pm b$，这说明椭圆与y轴相交于两点$B_1(0,-b)$和$B_2(0,b)$，如图5-17所示.

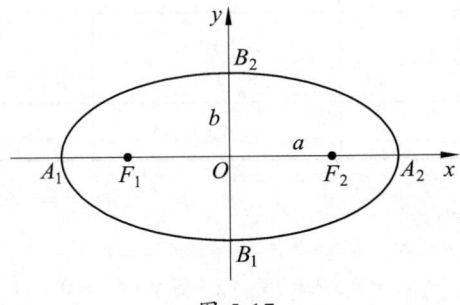

图 5-17

椭圆与它的两条对称轴的四个交点称为**椭圆的顶点**，如图5-17所示，线段A_1A_2称为**椭圆的长轴**，线段B_1B_2称为**椭圆的短轴**. 长轴和短轴的长度分别为$2a$和$2b$，a称为**椭圆的长半轴长**，b称为**椭圆的短半轴长**，c称为**椭圆的半焦距**.

由上述讨论可以看出：

（1）椭圆的焦点一定在长轴上；

（2）a、b、c之间恒有"勾股弦"关系：$a^2=b^2+c^2$. 其几何意义如图5-17所示.

例3 求椭圆 $\dfrac{x^2}{9}+\dfrac{y^2}{5}=1$ 的长轴、短轴的长度和焦距.

解：将已知椭圆的方程写成标准形式：

$$\dfrac{x^2}{3^2}+\dfrac{y^2}{(\sqrt{5})^2}=1.$$

由于 $a>b>0$，所以 $a=3$，$b=\sqrt{5}$. 于是，长轴的长度 $2a=6$，短轴的长度 $2b=2\sqrt{5}$. 由 $c^2=a^2-b^2$ 得 $c^2=9-5=4$，所以 $c=2$. 于是，焦距 $2c=4$.

课堂练习

求椭圆 $\dfrac{x^2}{10}+\dfrac{y^2}{12}=1$ 和 $\dfrac{x^2}{6}+\dfrac{y^2}{5}=1$ 的长轴、短轴的长度和焦距.

知识回顾

本章的主要内容有：直线、曲线.

一、直 线

直线方程的五种形式列表归纳如下.

名称	已知条件	方程	说明
点斜式	点 $P_0(x_0,y_0)$，斜率 k	$y-y_0=k(x-x_0)$	不包括 y 轴和平行于 y 轴的直线
斜截式	斜率 k，纵截距 b	$y=kx+b$	不包括 y 轴和平行于 y 轴的直线
两点式	点 $P_1(x_1,y_1)$ 和 $P_2(x_2,y_2)$	$\dfrac{y-y_1}{y_2-y_1}=\dfrac{x-x_1}{x_2-x_1}$	不包括坐标轴和平行于坐标轴的直线
截距式	横截距 a，纵截距 b	$\dfrac{x}{a}+\dfrac{y}{b}=1$	不包括经过坐标原点的直线，不包括平行于坐标轴的直线
一般式		$Ax+By+C=0$	A、B 不同时为零

设两条直线的方程分别为：

$$l_1: y=k_1x+b_1 \text{ 或 } A_1x+B_1y+C_1=0,$$

$$l_2: y=k_2x+b_2 \text{ 或 } A_2x+B_2y+C_2=0,$$

则有（1） $l_1 /\!/ l_2 \Leftrightarrow k_1=k_2$；

（2） $l_1 \perp l_2 \Leftrightarrow k_1 \cdot k_2=-1$；

（3） l_1 与 l_2 的夹角公式 $\tan\varphi=\left|\dfrac{k_2-k_1}{1+k_2k_1}\right|$（$k_1k_2\ne -1$）；

（4）l_1 与 l_2 的交点坐标是下列方程组的唯一解：

$$\begin{cases} y = k_1 x + b_1 \\ y = k_2 x + b_2 \end{cases} \text{或} \begin{cases} A_1 x + B_1 y + C_1 = 0 \\ A_2 x + B_2 y + C_2 = 0 \end{cases}.$$

（5）点 (x_0, y_0) 到直线 $Ax + By + C = 0$ 的距离 $d = \dfrac{|Ax_0 + By_0 + C|}{\sqrt{A^2 + B^2}}$.

二、曲线

（1）圆的标准方程：$(x-a)^2 + (y-b)^2 = r^2$；

圆的一般方程：$x^2 + y^2 + Dx + Ey + F = 0$，其中 $\left(-\dfrac{D}{2}, -\dfrac{E}{2}\right)$ 为圆心、$\dfrac{1}{2}\sqrt{D^2 + E^2 - 4F}$ 为半径.

（2）椭圆的标准方程：$\dfrac{x^2}{a^2} + \dfrac{y^2}{b^2} = 1\,(a > b > 0)$，焦点在 x 轴上；

$\dfrac{y^2}{a^2} + \dfrac{x^2}{b^2} = 1\,(a > b > 0)$，焦点在 y 轴上.

【知识拓展】直线与圆的方程的应用举例.

解决直线与圆的实际应用题的步骤为：
（1）审题：从题目中抽象出几何模型，明确已知和未知；
（2）建系：建立适当的直角坐标系，用坐标和方程表示几何模型中的基本元素；
（3）求解：利用直线与圆的有关知识求出未知；
（4）还原：将运算结果还原到实际问题中去.

例题 一艘轮船 A 在沿直线返回港口 B 的途中，接到气象台的台风预报：台风中心位于轮船正西 70 km 处，受影响的范围是半径长为 30 km 的圆形区域.已知港口位于台风中心正北 40 km 处，如果这艘轮船不改变航线，那么它是否会受到台风的影响？

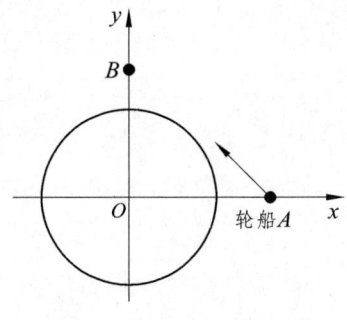

图 5-18

解：建立如图 5-18 所示的直角坐标系，单位长度为 10 km.

因为航线所在直线 AB 的斜率 $k = \dfrac{4-0}{0-7} = -\dfrac{4}{7}$，

直线 AB 在 y 轴上的截距为 4，

所以直线 AB 的方程是 $y=-\dfrac{4}{7}x+4$,

即 $4x+7y-28=0$.

因为点 O 与直线 AB 的距离是 $\dfrac{|28|}{\sqrt{4^2+7^2}}\approx 4.47>3$,

所以这艘轮船不改变航线也不会受到台风的影响.

课堂练习

1. 如图 5-19 所示,某圆拱桥的水面跨度 16 m,拱高 4 m. 现有一船,顶部宽 4 m,水面以上高 4 m,这条船能否从桥下通过?

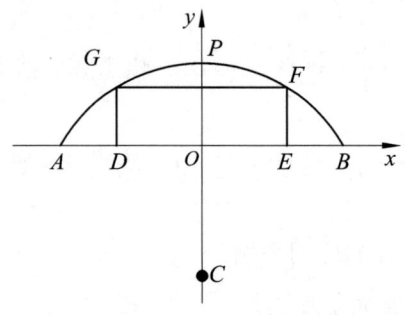

图 5-19

2. 河南省计划修一条连接 A,B 两地的笔直公路. 经测量,B 地在 A 地的正东方向 2 km 处. 在 A 地的北偏东 60°方向,B 地北偏西 45°方向上的 C 处有一个半径为 0.7 km 的公园,那么计划修建的公路会不会穿过公园?为什么?

3. 某地即将受到台风的影响. 台风中心位于该地气象台 A 正西方向 300 km 处,它以每小时 40 km 的速度向东北方向移动,距台风中心 250 km 以内的地方都要受其影响. 问:从现在起,大约多长时间后,气象台 A 所在地将遭受台风影响?持续多长时间?

第六章　数据处理的基本知识

第一节　数据的修约原则

一、数据的修约规则

1. 修约间隔

修约间隔是指确定修约保留位数的一种方式．修约间隔的数值一经确定，修约值即应为该数值的整数倍．

（1）1 单位修约：

例：指定修约间隔为 0.1，修约值即应为 0.1 的整数倍中选取，相当于将数值修约到一位小数．

例：指定修约间隔 100，修约值即应在 100 的整数倍中选取，相当于将数值修约到"百"数位．

（2）0.5 单位修约（半个单位修约）：

修约间隔为指定数位的 0.5 单位，即修约到指定数位的 0.5 单位．

（3）0.2 单位修约：

修约间隔为指定数位的 0.2 单位，即修约到指定数位的 0.2 单位．

2. 数值修约进舍规则

（1）1 单位的修约规则：

① 拟舍去的数字中，其最左面的第一位数字小于 5 时，则舍去，留下的各位数字不变．

例：将 18.2432 修约只留一位小数时，其拟舍去的数字中最左面的第一位数字是 4，则可舍去，结果成 18.2．

② 拟舍去的数字中，其最左面的第一位数字大于 5 时，则进 1，即所留下的末位数字加 1．

例：将 26.4843 修约只留一位小数时，其拟舍去的数字中最左面的第一位数字是 8，则应进 1，结果成 26.5．

③ 拟舍去的数字中，其最左面的第一位数字等于 5 时，而后面的数字并非全部为 0 时，则进 1，即所留下的末位数字加 1．

例：将 15.0501 修约只保留一位小数时，其拟舍去的数字中最左面的第一位数字是 5，5 后面的数字还有 01，故进 1，结果为 15.1．

④ 拟舍去的数字中，其最左面的第一位数字等于 5 时，而后面无数字或全部为 0 时，所保留的数字末位奇数(1,3,5,7,9)则进 1，如为偶数(2,4,6,8)则舍去．

例：将下列各数字修约只保留一位小数时，其拟舍去的数字中最左面的第一位数字是 5，5 后面无数字，根据所留末位数的奇偶关系，结果为：

15.05→15.0　（因为"0"是偶数）

15.15→15.2　（因为"1"是奇数）

15.25→15.2　（因为"2"是偶数）

15.45→15.4　（因为"4"是偶数）

⑤ 负数修约时，先将它的绝对值按上述三条规则进行修约，然后在修约值前面加上负号．

例 1　将下列数字修约至"十"数位．

拟修约数值	修约值
-255	-26×10（特定时可写为-260）
-245	-24×10（特定时可写为-240）

例 2　将下列数字修约成两位有效位数．

拟修约数值	修约值
-285	-28×10（特定时可写为-280）
-0.0285	-0.028

课堂练习

将下列数字修约至小数点后两位．

① 2.3481；　② 4.5562；　③ 6.5451；　④ 3.4550；
⑤ 4.5650；　⑥ -6.4349；　⑦ 5.5555．

（2）0.5 单位修约：

将拟修约数值乘以 2，按指定数位依进舍规则修约，所得数值再除以 2．

例：将下列数字修约到"个"数位的 0.5 单位（或修约间隔为 0.5）．

拟修约数值 (A)	乘 2 ($2A$)	$2A$ 修约值 （修约间隔为 1）	A 修约值 （修约间隔为 0.5）
50.25	100.50	100	50.0
50.38	100.76	101	50.5
-50.75	-101.50	-102	-51.0

课堂练习

将下列数字修约到"个"数位的 0.5 单位（或修约间隔为 0.5）．

① 65.35；　② 73.21；　③ 72.25．
④ 65.76；　⑤ -56.75．

（3）0.2 单位修约：

将拟修约数值乘以 5，按指定数位依进舍规则修约，所得数值再除以 5．

例：将下列数字修约到"百"数位的 0.2 单位（或修约间隔为 20）．

拟修约数值 (A)	乘 5 ($5A$)	$5A$ 修约值 （修约间隔为 100）	A 修约值 （修约间隔为 20）
830	4150	4200	840
842	4210	4200	840
-930	-4650	-4600	-920

课堂练习

将下列数字修约到"百"数位的 0.2 单位（或修约间隔为 20）．

① 216；　　　② 326；　　　③ -236；
④ 530；　　　⑤ 342；　　　⑥ 445.

（4）拟舍去的数字并非单独的一个数字时，不对该数值连续进行修约，应按拟舍取的数字中最左面的第一位数字的大小，依照上述各条依次修约完成．

例：将 15.4546 修约成整数时，不应按 15.4546→15.455→15.46→15.5→16 进行，而应按 15.4546→15 进行修约．

上述数值修约规则（有时称之为"奇升偶舍法"）与以往用的"四舍五入"的方法的区别在于：用"四舍五入"法对数值进行修约，从很多修约后的数值中得到的均值偏大，而用上述修约规则，进舍的状况具有平衡性，进舍误差也具有平衡性，若干数值经过这种修约后，修约值之和变大的可能性与变小的可能性是一样的．

为便于记忆，将上述规则归纳为以下几句口诀：**四舍六入五考虑，五后非零则进一，五后为零视奇偶，奇升偶舍要注意，修约一次要到位**．

第二节　数据统计

一、数据的统计特征量

1. 算术平均值

算术平均值是表示一组数据集中位置最有用的统计特征量，经常用样本的算术平均值来代表总体的平均水平．样本的算术平均值用 $\bar{x}$ 表示．如果 n 个样本数据为 $x_1, x_2, x_3, \cdots, x_n$，那么，样本的算术平均值为：

$$\bar{x} = \frac{1}{n}(x_1 + x_2 + \cdots + x_n) = \frac{1}{n}\sum_{i=1}^{n} x_i. \tag{1}$$

例 1　某路段沥青混凝土面层抗滑性能检测，摩擦系数的检测值（共 10 个测点）分别为

58，56，60，53，48，54，50，61，57，55（摆值）．

求摩擦系数的算术平均值．

解　由上式可知，摩擦系数的算术平均值：

$$\bar{x} = \frac{1}{10}(58+56+60+53+48+54+50+61+57+55) = 55.2 \text{（摆值）}.$$

2. 中位数

在一组数据 $x_1, x_2, x_3, \cdots, x_n$ 中，按其大小次序排序以排在正中间的一个数表示总体的平均水平，称之为**中位数**，或称**中值**，用 $\tilde{x}$ 表示．n 为奇数时，正中间的数只有一个；n 为偶数时，正中间的数有两个，取这两个数的平均值作为中位数，即

$$\tilde{x} = \begin{cases} x_{\frac{n+1}{2}} & (n\text{为奇数}) \\ \frac{1}{2}(x_{\frac{n}{2}} + x_{\frac{n}{2}+1}) & (n\text{为偶数}) \end{cases}. \tag{2}$$

例 2 检测值同例 1，求中位数.

解：检测值按大小次序排列为：

$$61, 60, 58, 57, 56, 55, 54, 53, 50, 48 \text{（摆值）},$$

其中位数为：

$$\tilde{x} = \frac{x_5 + x_6}{2} = \frac{56 + 55}{2} = 55.5.$$

3. 极　差

在一组数据中最大值与最小值之差，称为极差，记作 R：

$$R = x_{\max} - x_{\min}. \tag{3}$$

例 3 例 1 中的检测数据的极差为：

$$R = x_{\max} - x_{\min} = 61 - 48 = 13.$$

极差没有充分利用数据的信息，但计算十分简单，仅适用于样本容量较小（$n < 10$）的情况.

4. 标准偏差

标准偏差有时也称标准离差、标准差或均方差，它是衡量样本数据波动性（离散程度）的指标. 在质量检验时，总体的标准偏差（σ）一般不易求得. 样本的标准差 S 按式（4）计算：

$$s = \sqrt{\frac{(x_1 - \overline{x})^2 + (x_2 - \overline{x})^2 + \cdots + (x_n - \overline{x})^2}{n-1}} = \sqrt{\frac{\sum_{i=1}^{n}(x_i - \overline{x})^2}{n-1}}. \tag{4}$$

例 4 仍用例 1 的数据，求样本标准偏差 S.

解：由式（4）可知，样本标准偏差为：

$$s = \left\{ \left[\frac{1}{9}(58 - 55.2)^2 + (56 - 55.2)^2 + \cdots + (55 - 55.2)^2 \right] \right\}^{\frac{1}{2}} = 4.13 \text{（摆值）}.$$

5. 变异系数

标准偏差反映了样本数据的绝对波动状况. 当测量较大的量值时，绝对误差一般较大；当测量较小的量值时，绝对误差一般较小，因此，用相对波动的大小，即变异系数更能反映样本数据的波动性.

变异系数用 C_v 表示标准差 S 与算术平均值的比值，即

$$C_v = \frac{S}{\overline{x}} \times 100\%. \tag{5}$$

例 5 若甲路段沥青混凝土面层的摩擦系数的算术平均值为 55.2（摆值），标准偏差为 4.13（摆值）；乙路段沥青混凝土面层的摩擦系数的算术平均值为 60.8（摆值），标准偏差为 4.27（摆值）. 则两路段的变异系数为：

甲路段：$C_v = \dfrac{4.13}{55.2} = 7.48\%$；

乙路段：$C_v = \dfrac{4.27}{60.8} = 7.02\%$.

从标准偏差看，$S_甲 < S_乙$. 但从变异系数分析，$C_{v_甲} > C_{v_乙}$，说明甲路段的摩擦系数的相对波动比乙路段大，面层抗滑稳定性较差.

例 6 某高速公路，路基的路床压实后，进行压实度检测. 测定的单点压实度为：

96.3%，97.5%，96.9%，97.8%，96.0%，98.1%，96.7%，96.2%，98.3%，97.5%

试计算压实代表值 k. 其中 $k = \bar{k} - \dfrac{t_\alpha}{\sqrt{n}} S$，$\bar{k}$ 为单点压实度平均值，t_α 为变异系数，查表得 $t_\alpha = 0.580$，S 为检测值标准差，n 为检测点数.

解： $\bar{k} = \dfrac{1}{10}(96.3 + 97.5 + 96.9 + 97.8 + 96.0 + 98.1 + 96.7 + 96.2 + 98.3 + 97.5)\%$

$= 97.1\%$；

$S = 0.82$.

$k = \bar{k} - \dfrac{t_\alpha}{\sqrt{n}} S = 97.1 - \dfrac{0.580}{\sqrt{10}} \times 0.82 = 96.9\%$.

课堂练习

在某次试验中分别得到下面一组数据，求出其算术平均值、中位数、极差、标准偏差、变异系数.

65，67，61，63，62，60，63，64，55，59，62，66.

参考文献

[1] 柳毅,李晓春. 专业数学. 北京:北京理工大学出版社.

[2] 李桂华. 中职数学. 北京:中国传媒大学出版社.

[3] 徐利治,等. 数学分析的方法及例题选讲. 北京:高等教育出版社,1982.

[4] 蒋晓云,马再鸣. 基于信息技术的探索型数学实验教学模式初探[J]. 西昌学院报,2005,19(2).

[5] 黎向荣. 数控机床编程与操作. 北京:电子工业出版社.

[6] 徐霄鹏. 公路工程测量. 北京:人民交通出版社.

[7] 丁雪松,赵小飞. 公路工程测量技能考核手册. 成都:西南交通大学出版社.

[8] 王景峰. 工程测量. 北京:人民交通出版社.

[9] F. 克莱茵. 高观点下的初等数学. 武汉:湖北教育出版社,1986.

[10] 周金玉. 应用数学. 北京:北京理工大学出版社.

[11] 柳毅,田立霞. 专业数学学习指导. 北京:北京理工大学出版社.

[12] 井中,等. 从数学教育到教育数学. 成都:四川教育出版社,1989.